北京

寻蛙记

主　编　全璟纬
副主编　刘春兰　乔　青　陈　龙
　　　　宁杨翠　李　昂

Hi,WaWa!

中国水利水电出版社
www.waterpub.com.cn
·北京·

图书在版编目（CIP）数据

北京寻蛙记 / 全璟纬主编. -- 北京 : 中国水利水
电出版社, 2025. 6. -- ISBN 978-7-5226-2843-1

Ⅰ. Q959.5-49

中国国家版本馆CIP数据核字第2024S673V7号

书　　名	北京寻蛙记
	BEIJING XUN WA JI
作　　者	主　编　全璟纬
	副主编　刘春兰　乔　青　陈　龙　宁杨翠　李　昂
出版发行	中国水利水电出版社
	（北京市海淀区玉渊潭南路1号D座　100038）
	网址: www.waterpub.com.cn
	E-mail: sales@mwr.gov.cn
	电话: (010) 68545888（营销中心）
经　　售	北京科水图书销售有限公司
	电话: (010) 68545874、63202643
	全国各地新华书店和相关出版物销售网点
排　　版	中国水利水电出版社装帧出版部
印　　刷	北京天工印刷有限公司
规　　格	210mm×285mm　16开本　7.25印张　160千字
版　　次	2025年6月第1版　2025年6月第1次印刷
定　　价	98.00元

01

两栖动物

02

北京
野生蛙类

03

遇见一只蛙

04

蛙声不顺

05

保护蛙类

后记

01 》
两栖动物

作者说：
一场关于两栖动物的讨论

我们的主角

　　回忆一下在公园里游玩的场景，是不是常听到这样的对话"这水里有好多鱼啊！""欸，这有个刺猬！"而极少能听到"这有个蛤蟆！"但比起一瞬间就可以遁入水面之下的鱼或是行踪隐蔽的刺猬，我想说蛙类才是我们在公园里最容易观察到的动物，几乎有水的地方就会有它们的身影。

　　它们会在夏夜里呱呱大叫、会在我们经过时"扑通"入水、会在草地中窸窣爬行。当我们站在护栏边向河中张望时，它们可能就在护栏下等待猎物；当我们在赞叹那朵睡莲开得真好时，它可能就在旁边的叶子里"衬托"着睡莲的美丽；当我们沿着行道树跑步时，它可能就在树坑里悄悄趴着。

2022年夏天，作者在西山森林公园进行两栖爬行动物调查

混为一"潭"的冷血动物

　　三年的野生动物保护工作让我认识了很多生活在城市里、常被我们忽略的小生命。

　　工作之余，我很喜爱与周围人分享我与"京城小青蛙"的邂逅。每当大家惊讶于"京城小青蛙"的奇妙故事时，我常会抛出一个问题："什么是两栖动物？"这个问题总能迅速点燃大家的热情，进而引发一场讨论：

　　"就是能在水里和陆地上生活的动物。"有人会毫不犹豫地回答。于是我追问："乌龟也养在水里，那乌龟是两栖动物吗？""乌龟应该是两栖动物吧！"回答的声音已经稍带犹豫。"蛇应该也是吧！"还有一些人在猜测。随着讨论的深入，有人好奇地追问："哎，蛇和乌龟能生活在水里但好像不是两栖动物。"一个年龄稍大一些的孩子认真解释道，"两栖动物要经历变态发育，蛇和乌龟没有变态发育过程所以它们不是两栖动物。""两栖动物的典型代表是蝾螈和蟾蜍，它们在幼年时期生活在水中，用鳃呼吸，成年后则会迁移到陆地上生活，用肺呼吸。"一位生物学爱好者给出了很详细的补充。不知不觉中，夜幕已经降临，我们的话题也从"北京小青蛙"延伸到了更广泛的自然和环境保护话题。

那么，什么是两栖动物

两栖动物的英文名称"amphibian"源自古希腊语中的"amphíbios"，这个词汇由"amphi"（意为"两面"或"两边"）和"bios"（意为"生活"）组合而成，最初是用来描述那些能够在水和陆地两种截然不同的环境中生存的动物。通俗地解释一下，两栖动物具有双重生活模式：在它们的幼年时期，它们必须生活在水中，依赖鳃进行呼吸，而当它们成熟后，能够在水陆两种环境中栖息，此时它们用肺部和皮肤进行呼吸。而蛇、龟、鳄鱼及蜥蜴等爬行动物，从它们破壳而出的那一刻起，就完全依赖肺部进行呼吸，因此它们被归类为爬行动物，而不是两栖动物。

超酷的变身

大多数两栖动物都有个超酷的变身过程！这是一个不可思议的变态发育过程。以青蛙为例，想象一下，从一颗小小的卵，变成幼年时可以在水中灵活游动的蝌蚪，最终跳出水面，成为在水陆之间来去自如的青蛙。这就是大自然的神奇之处！

就拿我们这本书的主角来说吧：每年惊蛰前后，结束冬眠的蛙类会大量捕食昆虫补充体力。春暖花开，蛙类来到水塘中抱对产卵，还有一些勇敢的蛙类会把卵产在雨后的积水坑里。这些卵宝宝凭借超快的发育速度，一天之内成为蝌蚪逃离就要干涸的水坑。

小蝌蚪生活在水中，用鳃呼吸，大部分以藻类为食。不过，它们可不会永远待在水里哦！随着时间的推移，它们的肠道会变短，皮

肤腺体开始分泌黏液，同时长出四肢，它们的鳃逐渐退化，肺逐渐发育。最酷的是，随着发育成熟，它们会吸收掉那条用来游泳的大尾巴。当然，除了蛙类以外，其他种类的两栖动物幼体和成体看上去没有差别，它们的发育方式称作"幼体延续"。

当蝌蚪长大成蛙，学会了标准的蛙泳，这时候水塘已经无法满足它们的探索欲望。勇敢的蛙会跳出水面，开始在陆地上探险，享受阳光和新鲜空气。

演化

　　3.6亿年前的泥盆纪末期，大陆分裂、气候波动明显，致使这一时期发生了大规模的生物灭绝。不再适宜的生活环境迫使一部分泥盆纪的主角——肉鳍鱼开始了演化之旅：它们的胸鳍与腹鳍逐渐演化成可以用来在陆地上行走的足，这就有了最早的两栖动物雏形。

　　随着石炭纪到来，地球上的环境变得更加干燥，这迫使一些两栖动物长出鳞片以应对身体水分的流失，进而进化成了最原始的爬行动物。

生活环境

　　和爬行动物一样，两栖动物也是冷血动物，它们通过太阳或者其他热源获取能量。两栖动物的生活环境包括水体和陆地，它们的幼体一般在水中生活，而成体则既能在水中也能在陆地上生活。而爬行动物对水的依赖较低，更像是陆地霸主，只有少数种类在水中生活。

皮肤

　　爬行动物的体表通常覆盖有壳或角质鳞片，而两栖动物的体表则柔软湿润。

　　一些两栖动物耳后、后腿根部会长有椭圆形的突起，这是它们的皮肤腺体，用来分泌黏液保持皮肤湿润或是分泌毒素抵御捕食者。爬行动物有角化的外层皮肤，看起来坚硬干燥。

呼吸方式

　　两栖动物的幼体用鳃呼吸，长大后则用肺和皮肤共同呼吸。爬行动物则完全依赖肺呼吸。

繁育后代

　　两栖动物与爬行动物都是依靠产卵来繁育后代。不同的是两栖动物卵没有坚硬的保护壳，这些卵常要在水中或水源边才能发育。而爬行动物的卵有保护壳，可以很好地避免水分的流失并保护胚胎不受外界的侵害。

两栖动物
与爬行动物

　　为什么我们常常会把爬行动物（乌龟、鳄鱼）和两栖动物（青蛙）弄混？可能是因为在动物园或是博物馆里它们常被放在同一个区域展出，或是因为它们都是冷血动物喜欢在阴暗环境中生活。别看它们都能在水里游、在陆地上爬，就以为它们是同一类生物！实际上，乌龟和鳄鱼可是货真价实的爬行动物，而蛙类才是真正的两栖动物！

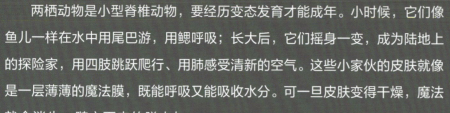

两栖动物是小型脊椎动物，要经历变态发育才能成年。小时候，它们像鱼儿一样在水中用尾巴游，用鳃呼吸；长大后，它们摇身一变，成为陆地上的探险家，用四肢跳跃爬行、用肺感受清新的空气。这些小家伙的皮肤就像是一层薄薄的魔法膜，既能呼吸又能吸收水分。可一旦皮肤变得干燥，魔法就会消失，随之而来的脱水与呼吸困难时刻都会威胁到它们的生命，因此蛙类一生都非常依赖水环境或是潮湿环境。

两栖动物

拨云见蛙：因为陌生带来的误会

美国著名爬虫学家和科普作家Marty Crump在《两栖爬行动物的神话与传说》中提到：我们常会对与我们亲缘关系相近的物种或高智商的动物（狗、海豚）有好感度，对那些我们不熟悉、看起来不与人亲近的动物"敬而远之"。

生活在水中、在黑夜里活动以及令人不适的长相都给蛙类增添了许多神秘的色彩，也让我们与蛙类产生了"隔阂"。我们还会因为一些传说或是老人们的训诫对蛙类产生厌恶与恐惧的心理，这其实大多是来源于对它们的不了解。

尽管我们对蛙类有着种种的恐惧与误解，但这一点也不妨碍它们在自然界中扮演至关重要的角色：蛙类在有效控制昆虫数量方面功不可没，它们的分布状况甚至能反映出湿地环境的优劣。我们还会赋予蛙类经济价值：好看的蛙类具有观赏价值，那些看似不起眼的蛙类，它们的身体和分泌物还有着药用和食用的价值！

所以，下次当你再看到一只蛙时，不妨试着去重新认识这个被误解的小生命吧！

无尾目
Anura
（蛙类）

我们熟悉的青蛙和蛤蟆都属于无尾目。无尾目动物是现今两栖动物中最进步的类群，也是种类最多的一个群体，现在已知的有7000余种，接近现存两栖动物总数的九成。

有尾目
Caudata

有尾目在成体时仍然保留尾巴，通常生活在淡水环境中，主要包括蝾螈、小鲵和大鲵。

大鲵

Andrias davidianus

大鲵（娃娃鱼）无疑是最为人所熟知的一种有尾目动物。在众多有尾目动物中，大鲵当属体型最大的动物，是我国国家二级保护野生动物。

古文中，大鲵也早有记载和描述：

· 明代李时珍所著的《本草纲目》中有对娃娃鱼的记载，将其称为"鲵鱼"或"人鱼"，并描述了它的形态和药用价值。

· 南北朝时期的笔记小说《述异记》中有关于娃娃鱼的记载，将其描述为一种能够在水中和陆地上生活的奇异生物。

六角恐龙

Ambystoma mexicanum

近年在宠物市场上火爆的"六角恐龙"也是有尾目的一种，学名墨西哥钝口螈。

蚓螈目
Gymnophiona

蚓螈目是两栖纲中体形最为特殊的一个类群，已知约有160种。蚓螈目外形似蚯蚓或蛇。广泛分布于赤道与南北回归线之间的热带、亚热带地区。

版纳鱼螈

Lchthyophis kohtaoensis

我国唯一记录到的蚓螈目动物，分布在云南、广西等地。

两栖动物家族

两栖动物家族里，有我们最熟悉的蛙类（无尾目）、也有拖着长尾巴的有尾目，还有既像蛇又像蚯蚓的无足目。

除了大有不同的外形，它们的生活习性和能力也各不相同：有的拥有强壮的后腿或是超强的游泳技术，还有的两栖动物拥有神奇的再生能力。

蛙类的分布

两栖动物据说是最早从水中来到陆地生活的脊椎动物。早在泥盆纪后期，两栖动物就成为了第一个在陆地上呼吸空气的脊椎动物。

两栖动物的庞大家族广泛分布于除南极洲以外的各大洲。

它们是阳光的忠实粉丝，温暖的阳光是它们生活的基础，因此在较为寒冷的地区两栖动物的种类相对少些，而在热带，两栖动物的种类和数量都多得让人眼花缭乱。

关于蛙类

北京只有 7 种野生蛙类。两栖动物的繁殖与幼体发育通常依赖稳定的水源与温暖的环境。北京位于中国北方，属于温带大陆性气候，冬季寒冷干燥、夏季炎热多雨，随季节波动的气温与分布不均的降水并不适合两栖动物生活。因此北京的自然地理条件对两栖动物生存构成了诸多限制，致使北京的两栖动物数量较少。

蛙类的数量

根据 AmphibiaWeb 网站的统计，截至 2024 年 9 月，全球共记录到蛙类 7729 种。

"中国两栖类"网站共收录我国蛙类（无尾目）9 科 54 属 585 种。

北京的野生两栖动物全部为蛙类，共有 4 科 6 属 7 种。

树栖蛙类

陆栖蛙类

树栖蛙类一般生活在热带和亚热带雨林中，它们的趾端通常有发达的吸盘，能够很好地附着在光滑的树干或叶片上。

陆栖蛙类主要在地面活动，它们四肢粗壮，适合在地面跳跃或快速移动。陆栖蛙类通常在阴暗潮湿的地方躲避阳光，并在夜间较为活跃。

蛙类的分类

蛙类根据其不同的生活习性可以分为树栖、陆栖、穴居和水栖四个类型。

穴居蛙类

水栖蛙类

穴居蛙类常在地下筑巢或寻找藏身之所，它们的后肢强壮有力，适合挖掘，体型通常较为圆胖。穴居蛙类会在雨季或暴雨之后出来活动，寻找配偶并产卵。

水栖蛙类终生依赖于水生环境，它们大部分时间待在水中，通常生活在池塘、沼泽、湖泊和河流附近。水栖蛙类的后肢发达，脚趾之间有明显的蹼，帮助它们在水中游动。

蛙趣百态

蛙类的奇妙行为

除了呱呱大叫，蛙类的某些动作和反应看起来与其他动物不太一样。这些奇奇怪怪的行为与它们的生存、繁殖、捕食及自我保护等密切相关。

蛙类会溺水
成年蛙类和我们一样用肺呼吸，在水中时蛙类会间歇性地浮出水面换气或是保持鼻孔露出水面进行呼吸。如果一不小心肺里进水，它们也会呛水或是溺亡。

蛙类不喝水
蛙类不会用嘴巴喝水，而是通过皮肤吸收水分。蛙类会将皮肤靠近水体补充水分，或是直接从空气中吸收水分。

蛙类会冬眠
蛙类是冷血动物。在食物缺少的寒冷冬季蛙类会通过冬眠的方式减缓新陈代谢来应对食物短缺。

蛙类会蜕皮
蜕皮是蛙类生长发育的重要环节，它们的皮肤会随着时间的推移老化或磨损，需要新皮肤取而代之。在蜕皮过程中，蛙类会吃掉蜕下来的皮，所以能亲眼见到它们脱皮并不是一件易事。

蛙鸣从何而来？

与其他动物相比，蛙类最显著的特征是一张大嘴。我们在模仿蛙叫时总会张大嘴巴发出"呱呱呱"的声音，但其实无论蛙类的叫声多么洪亮，它们在鸣叫时都是闭着嘴巴的。

蛙类的喉咙里有两条富有弹性的声带，是最早使用声带发声的动物之一。在鸣叫前，蛙类会闭紧嘴巴，同时用力将空气从肺部挤压到口腔里，这个过程中声带会震动发出"呱呱"的声音。

不过，单凭声带振动发出的声音是微弱的，雄蛙可不满足于这样的音量！因此一些雄蛙的头部两侧或是咽部下方还"装备"了扩音器——声囊，就是我们看到的青蛙"吹泡泡"。被挤压进口腔的空气会进入声囊，声囊在鼓起的时候发挥着音响的作用，让雄蛙的叫声更为洪亮。

北京最常见的黑斑侧褶蛙通过头部两侧的外声囊放大叫声。

美洲牛蛙是单声囊蛙类，鸣叫时，位于咽下的外声囊会明显变大，声囊的颜色和大小也是雄性美洲牛蛙吸引雌性的一大求偶方式。

不同的声囊
蛙类的扩音器主要分为三种

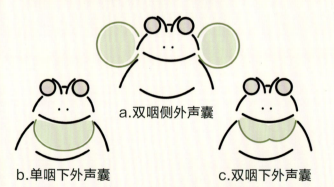

a.双咽侧外声囊

b.单咽下外声囊

c.双咽下外声囊

不同的呼吸方法

刚刚孵化出来的小蝌蚪的头部只有小米粒大小，鳃还没发育完成，这时候的小蝌蚪通过头部两侧像羽毛一样的外鳃呼吸。

随着小蝌蚪发育，外鳃逐渐被长出来的鳃盖覆盖，小蝌蚪就会像小鱼一样通过嘴部的一张一闭利用内鳃呼吸。

像羽毛一样的外鳃

在变态发育的末期，小蝌蚪已初具蛙形：长出四肢、大眼睛以及花纹，但此时它们还拖着长尾巴。在这个阶段它们的鳃已经开始退化而肺还在发育，呼吸的时候它们会把嘴贴近水面，然后吸一个大大的气泡含在嘴里以获得氧气。

成年蛙类的呼吸方法称为吞咽式呼吸法。蛙类会通过鼻孔吸进一口气，然后关闭鼻孔屏住呼吸，通过下巴的收缩将气体压进肺里，再放松下巴让气体回到口中，对这口气进行"充分利用"后，最后通过鼻孔呼出。

使劲地吞咽

蛙类的口腔结构独特，它们既没有用来咀嚼的牙齿，舌头也没有辅助吞咽的功能。在吞咽的时候它们只能利用自己的大眼睛：它们会用力闭眼睛，让眼球向口腔收缩，通过眼球的挤压将嘴里的食物推进肚子里。

蛙类生活史

　　从卵到蝌蚪，再到长出四肢的幼蛙，最终发育成熟跳出水面，这是每一个蛙类成长的必经之路，也称为"蛙类生活史"。在这个过程中，它们不仅要适应身体的变化，还要学会捕捉猎物、躲避天敌。在生长发育的每一个环节，蛙类展示出了超强的环境适应力与顽强的生命力。

　　7月中旬的莲花池公园，不少黑斑侧褶蛙的蝌蚪已经初具蛙形，此时的它们可以完全依靠肺呼吸在水面之上活动。它们还会利用水面上的浮萍隐藏自己。

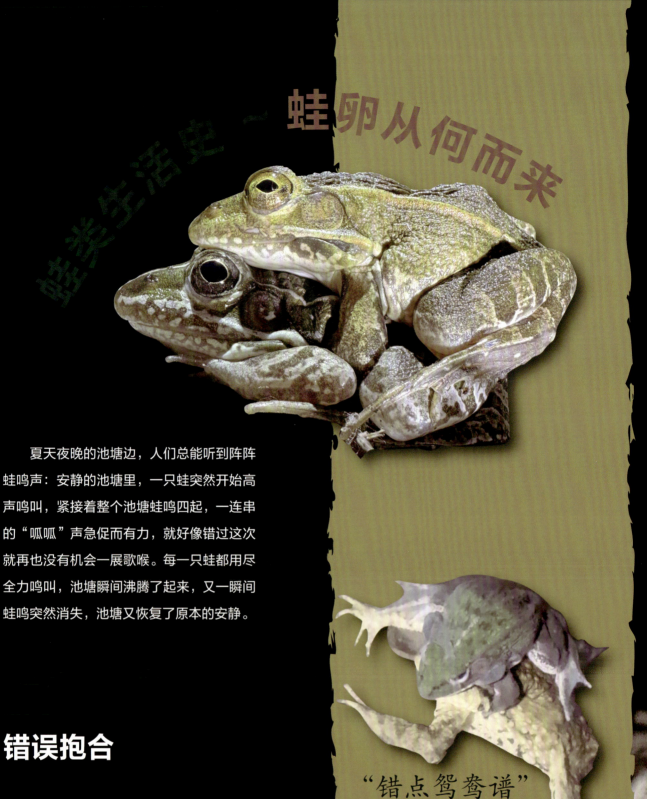

蛙类生活史 — 蛙卵从何而来

夏天夜晚的池塘边，人们总能听到阵阵蛙鸣声：安静的池塘里，一只蛙突然开始高声鸣叫，紧接着整个池塘蛙鸣四起，一连串的"呱呱"声急促而有力，就好像错过这次就再也没有机会一展歌喉。每一只蛙都用尽全力鸣叫，池塘瞬间沸腾了起来，又一瞬间蛙鸣突然消失，池塘又恢复了原本的安静。

错误抱合

蛙类种群中普遍雄性数量多于雌性，这使得雄蛙在繁殖期采用了一种"看着差不多"的策略：

雄蛙为了争夺繁殖的机会，不会放过任何一个"在自己眼前"且"看起来像雌蛙"的对象。这些对象有可能是其他品种的蛙、水里游的鱼、河里漂的木头、河岸上的石头，甚至是调查人员的靴子。

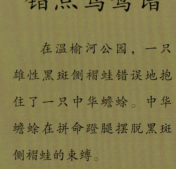

"错点鸳鸯谱"

在温榆河公园，一只雄性黑斑侧褶蛙错误地抱住了一只中华蟾蜍。中华蟾蜍在拼命蹬腿摆脱黑斑侧褶蛙的束缚。

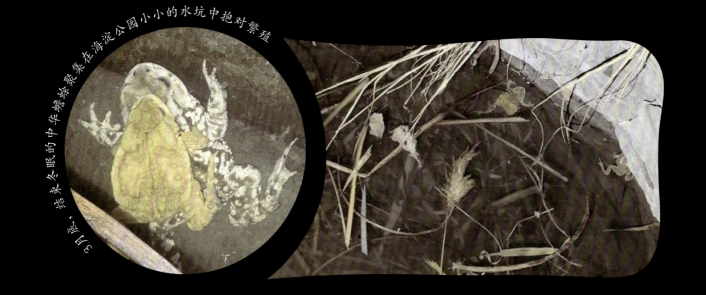
3月底，结束冬眠的中华蟾蜍聚集在海淀公园小小的水坑中抱对繁殖

蛙鸣就像是雄蛙在召唤雌蛙的信号。繁殖季节里，每一只雄蛙都在努力地通过自己的叫声向周围的雌性展示着自己的实力，内容包括但不限于体型大小、健康程度、地盘位置等。当雌蛙通过叫声锁定心仪的雄蛙，就会循着叫声找到梦中情蛙。随后雄蛙会跳到雌蛙的背上，雌蛙则驮着雄蛙爬到稻田的浅水中。这种雄蛙趴在雌蛙背上，用前肢紧紧抱住雌蛙腋下的行为，称为"抱对"。这时雄蛙排精与雌蛙排卵同步进行，在水中精卵相遇，成为受精卵。

蛙类生活史——蛙卵

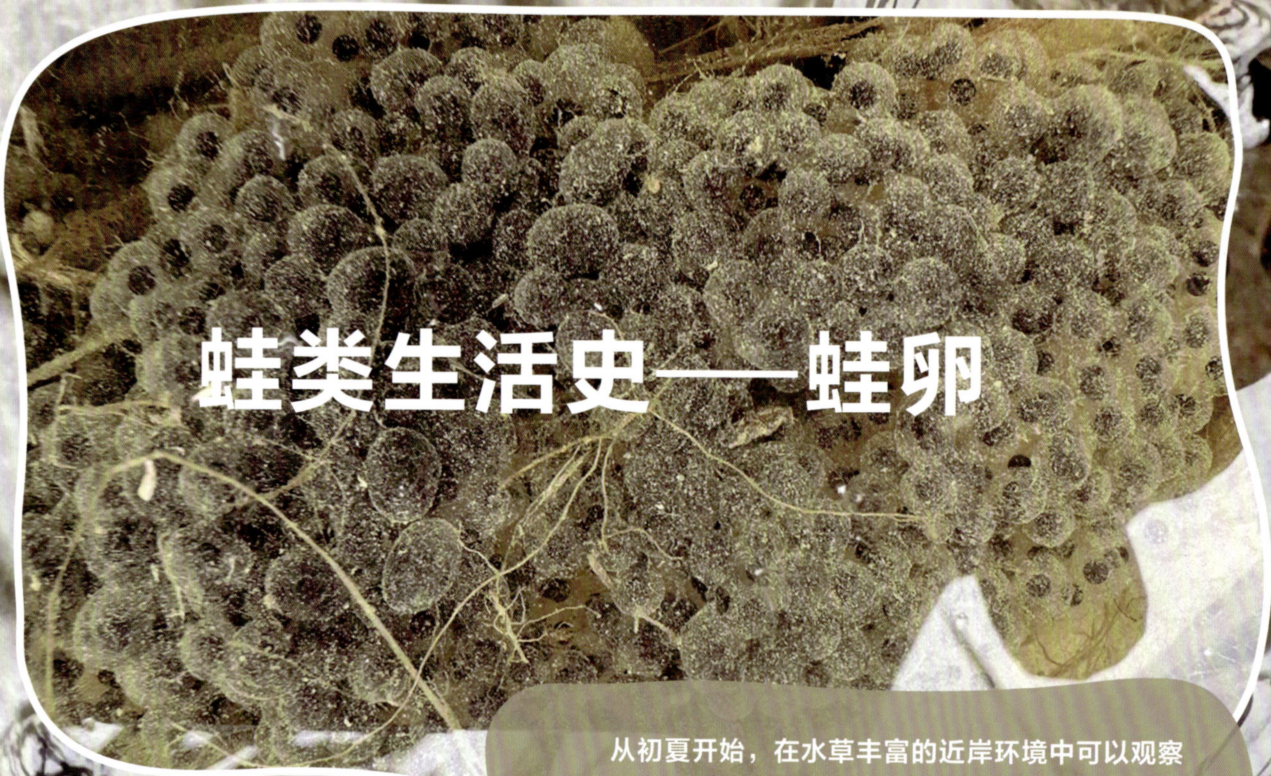

从初夏开始，在水草丰富的近岸环境中可以观察到一团团的蛙卵。蛙类通常会在有遮蔽的静水环境中产卵，以保证卵能够安全附着在植物上或沉入水底，以避免卵被水流冲走或被晒伤，也保证了蝌蚪从出生就有足够的食物吃。

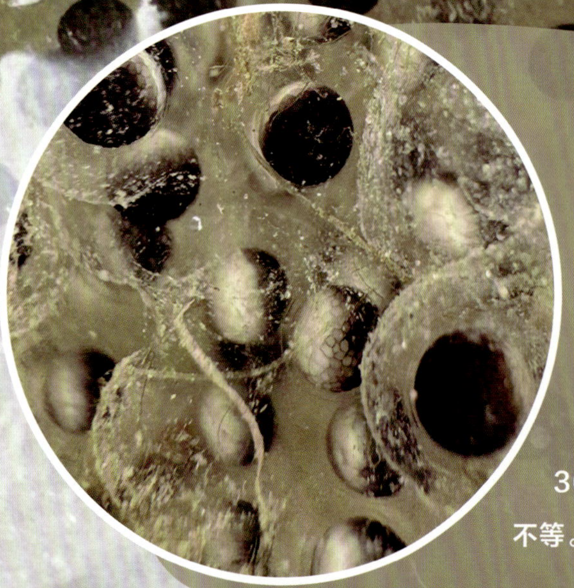

绝大多数蛙类在产卵后都会离开，任由蛙卵在水中发育。然而水中危机四伏，这些蛙卵和蝌蚪可能会被吃掉，也可能因暴露在水面上而被晒干，还有可能因为水流较快而被冲散。没有亲代的看护，小蝌蚪要历经千难万险才能长大成蛙。为了保证后代的生存，蛙类通常会产大量的卵来保证有足够的个体能够活到成年。雌蛙一次产卵3000~6000枚，蛙卵发育成蝌蚪需要几小时至一周不等。青蛙的卵块呈团状，而蛤蟆的卵块呈条状。

不是所有小蝌蚪都要找妈妈

有少部分无尾目动物会抚育子代直至受精卵发育成蛙。我们耳熟能详的箭毒蛙就是抚育子代的蛙类之一，箭毒蛙的父母会看护受精卵直至它们发育成蝌蚪。

还有一些蛙类会用自己的身体孵化受精卵：

● 袋蟾

生活在澳大利亚的袋蟾与这个大陆上的袋鼠、考拉、袋熊一样有育儿袋。不同的是，只有雄性袋蟾才有育儿袋，袋蟾爸爸会将受精卵放入自己的育儿袋中，直到受精卵顺利发育成幼蛙跳出育儿袋。

● 达尔文蛙

雄性达尔文蛙会将受精卵藏在声囊中，子代通过吸收声囊内壁分泌物获取营养，直到发育成幼蛙。

● 南部胃孵蟾

在产卵后，雌性南部胃孵蟾会将受精卵吞入胃中，同时雌性会停止进食并减少胃酸分泌，当幼蛙在母体的胃中孵化出来时，雌性会通过呕吐的方式将幼蛙排出体外。

● 负子蟾

生活在南美洲的负子蟾，雌性会将卵产在雄性的后背上，雄性蟾蜍的皮肤会膨胀形成一种特殊的袋状结构，为这些卵提供足够的保护。

蛙类生活史——蛙卵的发育

第一天

在蛙卵孵化的第一天，大部分卵黄还是圆形，少数卵黄已经开始发育长大，变成葫芦的形状。

第三天至第四天

受精卵快速发育，能依稀窥见它们已经拥有小蝌蚪的雏形。此刻的它们身上都有一个显著的特征——饱满的肚子：这并非赘肉，而是小蝌蚪破壳后的营养保障。新生的小蝌蚪如果不能及时学会取食，这个肚子会为它们提供最后且至关重要的营养。

当这些小蝌蚪终于能在水中自由游弋时，它们便只能依赖自身的力量，勇敢地探寻食物，以此继续它们的生长与蜕变。

此刻的小蝌蚪，尽管还未破壳而出，却已经开始尝试通过微妙的收缩与扭动，感知这个新鲜的世界。

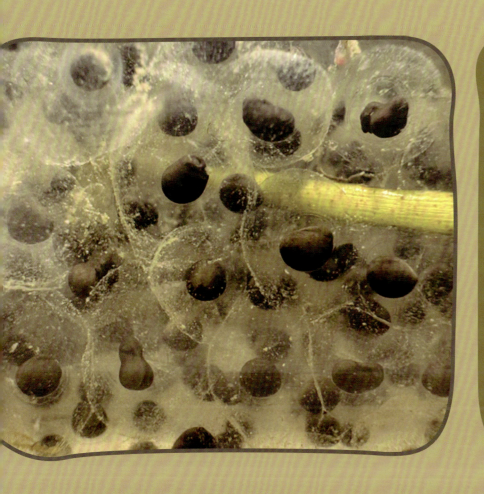

第二天

卵黄发生明显形状变化，受精卵包裹的透明胶质也随着卵的发育而发生形变。这时隐约可以看到蝌蚪的头部、身体、尾巴，还有胖胖的肚子。

第五天

一些小蝌蚪已经按捺不住，准备好孵化了。它们会用嘴咬破卵壳，来到水环境中。这时它们的尾巴还在发育，既不太会游泳，也不能很好地保持平衡。它们会突然地抖动身体向前艰难地游一小段（更多的时候是在原地打转）然后躺在水底或者叶片上。刚出壳的小蝌蚪会藏在植物的叶片下，它们还会释放出一种化学物质，就像一种信号，吸引陆续出壳的小蝌蚪赶来集合。

蛙类生活史——神奇的变身

小蝌蚪在破壳后会先长出外鳃，一周后外鳃被鳃盖包裹，无声地呼吸着水中的氧气。

接下来小蝌蚪迎来了显著的变化：它们的后腿开始逐渐长出，标志着它们正式进入了生命的变态期。随着后腿的发育和不断练习，当小蝌蚪能够熟练地利用后腿蹬水游动时，它们的前腿也开始悄然生长。

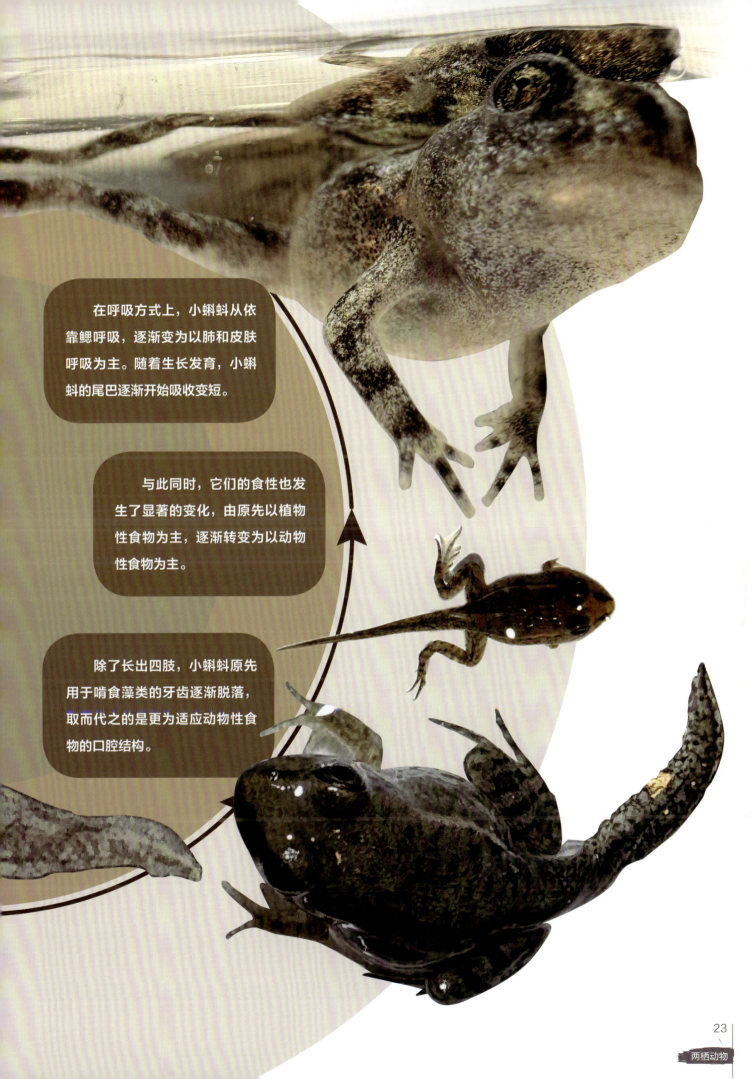

在呼吸方式上，小蝌蚪从依靠鳃呼吸，逐渐变为以肺和皮肤呼吸为主。随着生长发育，小蝌蚪的尾巴逐渐开始吸收变短。

与此同时，它们的食性也发生了显著的变化，由原先以植物性食物为主，逐渐转变为以动物性食物为主。

除了长出四肢，小蝌蚪原先用于啃食藻类的牙齿逐渐脱落，取而代之的是更为适应动物性食物的口腔结构。

02 »
北京野生蛙类

北京野生蛙类

A
黑斑侧褶蛙
Pelophylax nigromaculatus

B
金线侧褶蛙
Pelophylax plancyi

* 北京市重点保护野生动物

C
中华蟾蜍
Bufo gargarizans

D

花背蟾蜍
Strauchbufo raddei

* 北京市重点保护野生动物

北方狭口蛙
Kaloula borealis

* 北京市重点保护野生动物

F

东方铃蟾
Bombina orientalis

G

太行林蛙
Rana taihangensis

A 黑斑侧褶蛙
Black-spotted Pond Frog

又称黑斑蛙、青蛙

拉丁名 *Pelophylax nigromaculatus*

物种分类

界 KINDOM	门 PHYLUM	纲 CLASS	目 ORDER	科 FAMILY	属 GENUS
动物界	脊索动物门	两栖纲	无尾目	蛙科	侧褶蛙属
Animalia	Chordata	Amphibia	Anura	Ranidae	*Pelophylax*

保护等级	《中国生物多样性红色名录——脊椎动物卷》近危（NT） IUCN评级 无危（LC）

翠湖国家城市湿地公园(位于北京市海淀区)内，一只体形硕大的黑斑侧褶蛙笔挺地站在路基上。

分布范围

在中国，黑斑侧褶蛙分布于除台湾、海南、青海、甘肃以外的省份。

在北京，黑斑侧褶蛙广泛分布于各个区，是城市公园、河道的常客。

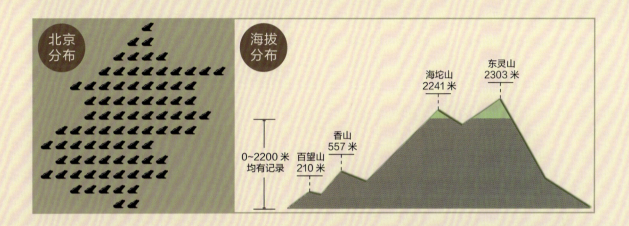

红色名录

IUCN红色名录：

　　随着人类活动对自然环境的影响日益加剧，许多物种的生存受到了威胁，为了更好地了解和保护这些物种，世界自然保护联盟(IUCN)于1963年开始编制《世界自然保护联盟濒危物种红色名录》，是全球动植物物种保护现状最全面的名录，也被认为是生物多样性状况最具权威的指南。

我国的红色名录：

　　为全面掌握我国生物多样性受威胁状况，提高生物多样性保护的科学性和有效性，2008年环境保护部（现生态环境部）联合中国科学院启动了《中国生物多样性红色名录》的编制工作，并于2013年9月、2015年5月先后发布《中国生物多样性红色名录——高等植物卷》《中国生物多样性红色名录——脊椎动物卷》。2018年5月22日，生态环境部联合中国科学院又发布了《中国生物多样性红色名录——大型真菌卷》。

红色名录根据数目下降速度、物种总数、地理分布、群族分散程度等将生物物种受威胁程度分为9类。

A 黑斑侧褶蛙

雄蛙体长 约 60 毫米

雌蛙体长 约 70 毫米

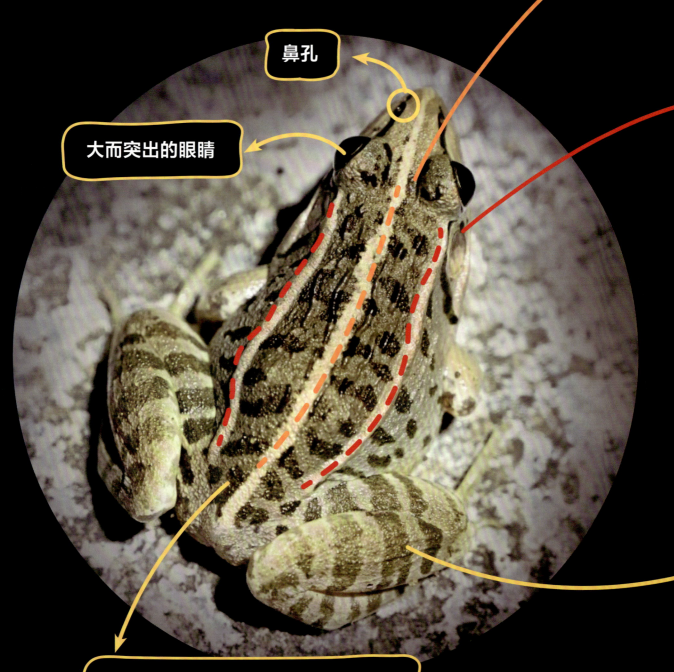

鼻孔

大而突出的眼睛

背部还有许多大小不一的深色横纹

绝大部分后背上都
有一条亮色脊线纹

圆圆的大鼓膜

背部有两条
明显的背侧褶

肚皮光滑、浅色

四肢有横纹

Pelophylax nigromaculatus

Ａ 黑斑侧褶蛙

绿色
伪装者

供图：韩兴志

体色多变

　　黑斑侧褶蛙是一种广泛分布于亚洲的蛙类，以其体侧与背部的黑色斑点而得名。在海淀公园，我第一次看到了各种颜色的黑斑侧褶蛙：绿色、黄绿色、棕色等，从深邃的墨色到纯净的洁白，竟没有一只颜色相同。除了体色不同，在手电光的照射下，它们背上的装饰也显现出了不同的颜色：体色较浅的呈现出暗绿色的斑点、体色较深的突出的则是它们亮色的背侧褶。

　　海淀公园西南角有一片京西稻。"稻花香里说丰年，听取蛙声一片"，公园里的稻田与人行道路之间并没有沟壑与栅栏阻隔，胆子大一点的中华蟾蜍会在稻田外的路面上活动捕食，而机警的黑斑侧褶蛙则躲在稻田中向外窥探。

强大的环境适应能力

　　蛙类的皮肤中有很多色素细胞，大部分时间蛙类的体色以绿色为主。当阳光较强时，色素细胞收缩，蛙类皮肤颜色变浅，以减少对阳光的吸收，保护自己娇嫩的皮肤；当阴天或光照不足时，色素细胞会扩张，使它们皮肤颜色变深，增加对阳光的吸收，以汲取热量。除了光照强度，环境的温度和湿度也会影响蛙类的肤色，也是蛙类适应环境变化的体现。

一条中线识破真身

　　颜色变化多端的黑斑侧褶蛙给蛙类识别带来了很大挑战。但在北京地区，辨别黑斑侧褶蛙的最佳方法就是看看这只蛙的后背有没有一条亮色的中线。

Ⓐ 黑斑侧褶蛙

栖息地类型

黑斑侧褶蛙是北京城区最常见的蛙类。它们藏身在城市水系的植物丛中，哪怕只是一小片芦苇都可能成为它们安家之所。晚饭后沿着河堤悠然散步，草坪上有人弹唱跳舞、不远处河水潺潺、河道边有青蛙呱呱。有意思的是印象中小青蛙常会趴在荷叶上休息，而实际调查发现它们好像更喜欢藏在睡莲叶片或是芦苇丛里，反而在荷花池中比较少见。

森 林

城 市

灌 丛　　湿 地　　草 地

生活习惯

活动
- 跳跃能力强
- 白天喜欢藏身在草丛、石缝中
- 夜间来到水边捕食、鸣叫

捕食
- 主要以昆虫、蜗牛、蜘蛛为食

习性与繁殖季节

冬眠								冬眠			
		出蛰				进入泥土中冬眠					
1月	2月	3月	4月	5月	6月	7月	8月	9月	10月	11月	12月
			繁殖季节								

34

北京野生蛙类

雄蛙体长 55~60 毫米

雌蛙体长 65~70 毫米

趾间有蹼

体背绿色

背侧褶宽
呈金黄色

四肢有横纹

背侧褶宽
呈金黄色

大眼睛

体侧有疣粒

鼓膜

Ᏸ金线侧褶蛙

Beijing Gold-striped Pond Frog

又称 金钱蛙、青蛙

拉丁名 *Pelophylax plancyi*

金线侧褶蛙是法国自然学者Fernand Lataste(1847—1934年)在1880年根据采集自北京的标本命名，因此金线侧褶蛙算得上是"老北京"。

界 KINDOM	门 PHYLUM	纲 CLASS	目 ORDER	科 FAMILY	属 GENUS
动物界	脊索动物门	两栖纲	无尾目	蛙科	侧褶蛙属
Animalia	Chordata	Amphibia	Anura	Ranidae	*Pelophylax*

分布范围 地理分布

在中国， 金线侧褶蛙分布于辽宁、河北、北京、天津、山东、山西、江西、安徽、江苏、浙江、上海、台湾等省份。

在北京， 金线侧褶蛙集中分布在城区公园，如圆明园、玉渊潭公园等。

北京分布

海拔分布

东灵山 2303 米

海坨山 2241 米

香山 557 米

百望山 210 米

50~200 米均有记录

栖息地类型

森林

城市

灌丛

湿地

草地

在北京，金线侧褶蛙也是公园常客。但它们与黑斑侧褶蛙外形相似、栖息环境相同，又比黑斑侧褶蛙数量少、分布窄，因此公园里的金线侧褶蛙常会被错认成黑斑侧褶蛙。

不过金线侧褶蛙更喜欢蹲在荷叶上或是张开四肢漂浮在水面上。

B 金线侧褶蛙

金线侧褶蛙的城市生活

　　金线侧褶蛙曾在北京广泛分布。由于城市的快速发展，金线侧褶蛙在北京的种群数量逐渐减少，甚至一度绝迹。然而生态学家们并没有放弃对它们的寻找和保护。随着生态环境的保护与恢复，金线侧褶蛙在北京的踪迹逐渐增多，但数量和分布都还较少，因此被列为北京市重点保护野生动物。

B 金线侧褶蛙

生活习惯

活动 ● 喜欢舒展四肢漂浮在水面或趴在浮水植物叶面上

捕食 ● 金线侧褶蛙主要以水生动物如虾、螃蟹、田螺、环节动物、昆虫等为食

鸣声 ● 叫声似小鸡，声音短促

习性与繁殖季节

			冬眠									冬眠		
藏身在水源附近的洞穴静栖越冬			出蛰										
1月	2月	3月	4月	5月	6月	7月	8月	9月	10月	11月	12月
			繁殖季节								

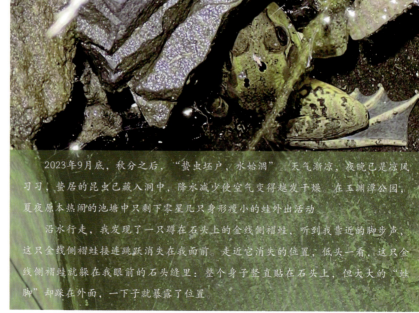

2023年9月底，秋分之后，"蛰虫坯户，水始涸"，天气渐凉，夜晚已是凉风习习，蛰居的昆虫已藏入洞中，降水减少使空气变得越发干燥。在玉渊潭公园，夏夜原本热闹的池塘中只剩下零星几只身形瘦小的蛙外出活动。

沿水行走，我发现了一只蹲在石头上的金线侧褶蛙，听到我靠近的脚步声，这只金线侧褶蛙接连跳跃消失在我面前。走近它消失的位置，低头一看，这只金线侧褶蛙就躲在我眼前的石头缝里；整个身子竖直贴在石头上，但大大的"蛙脚"却踩在外面，一下子就暴露了位置。

水上飞

　　金线侧褶蛙的趾间几乎满蹼，长期卧在浮水植物上休息，练就了金线侧褶蛙水上了得的本领。一旦受到惊吓，金线侧褶蛙会在水面上快速跳跃一段距离，寻找躲避的地方，好像水上飞一样。

蛙鸣
- 黑斑侧褶蛙在鸣叫时可以看到头两侧有明显鼓出来的外声囊，且叫声洪亮
- 金线侧褶蛙只有内声囊，鸣叫时不易观察到起伏变化，且叫声微弱常会被其他蛙类的叫声覆盖

成体大小
- 成年黑斑侧褶蛙比成年金线侧褶蛙略大。但在自然环境中仅凭体型大小很难分辨这两种蛙

- 绝大部分黑斑侧褶蛙后背上有一条浅色中线，且体色偏深
- 金线侧褶蛙后背黑斑较少，体色偏绿

关键辨别特征：后背

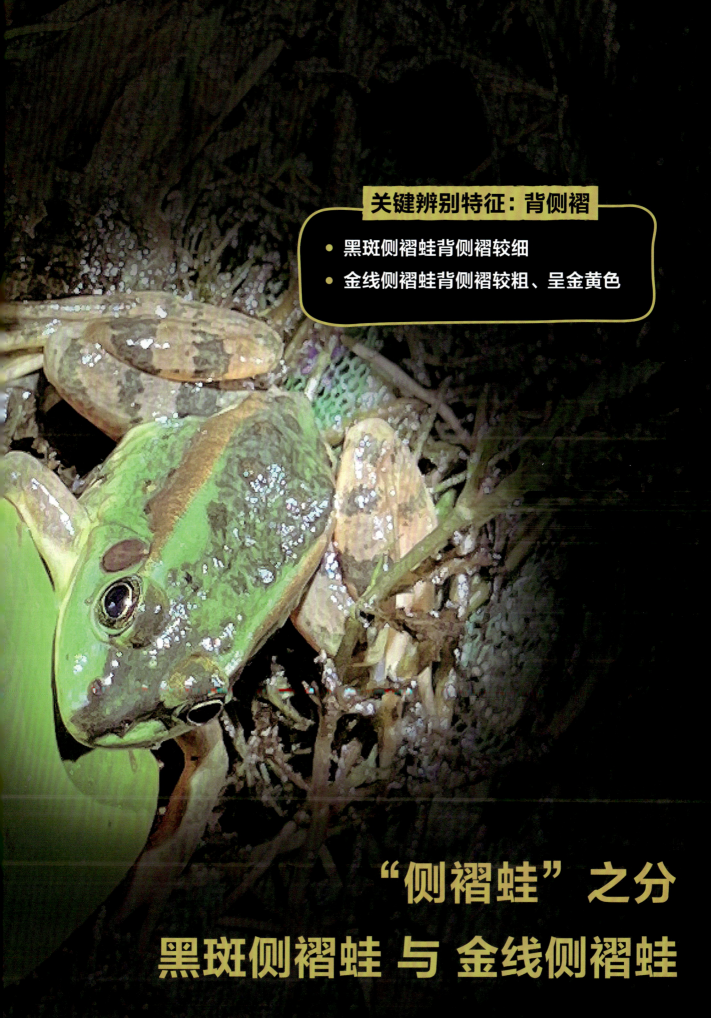

关键辨别特征：背侧褶

- 黑斑侧褶蛙背侧褶较细
- 金线侧褶蛙背侧褶较粗、呈金黄色

"侧褶蛙"之分
黑斑侧褶蛙 与 金线侧褶蛙

C 中华蟾蜍

Asiatic Toad

又称癞蛤蟆、中华大蟾蜍

拉丁名 *Bufo gargarizans*

界 KINDOM	门 PHYLUM	纲 CLASS	目 ORDER	科 FAMILY	属 GENUS
动物界	脊索动物门	两栖纲	无尾目	蟾蜍科	蟾蜍属
Animalia	Chordata	Amphibia	Anura	Bufonidae	*Bufo*

分布范围　地理分布

在中国，中华蟾蜍分布于除新疆、宁夏以外的大部分省份。

在北京，中华蟾蜍在各区均有分布。

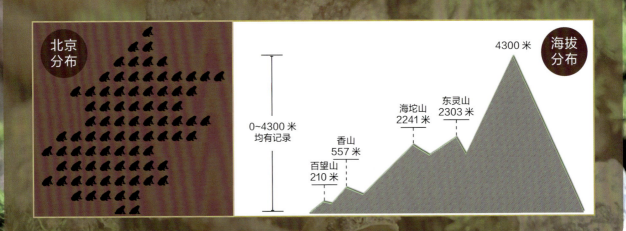

北京分布

海拔分布

4300 米

0~4300 米均有记录

东灵山 2303 米

海坨山 2241 米

香山 557 米

百望山 210 米

紫竹院公园
夜间气温还徘徊在10摄氏度以下的时候，中华蟾蜍就已经开始繁衍生息

海淀公园
三月中旬出蛰后的中华蟾蜍在静水潭中抱对

生活习惯

活动 ● 白天中华蟾蜍躲在阴暗的地方，黄昏后出外捕食。

捕食 ● 食性较广，以昆虫、蚁类、蜗牛、蚯蚓及其他小动物为主。

习性与繁殖季节

冬眠									冬眠		
出蛰								有些会在松软泥土或水底淤泥中冬眠			
1月	2月	3月	4月	5月	6月	7月	8月	9月	10月	11月	12月
		繁殖季节									

© 中华蟾蜍

Bufo gargarizans

雄蛙体长 60~100 毫米

雌蛙体长 70~120 毫米

背部皮肤上长有很多大大小小的圆形疣粒

体型敦实、皮肤粗糙

耳后腺呈椭圆形，可以分泌毒液

腹面灰黄色或浅黄色，有深褐色或黑色云斑

四肢短粗，不善跳跃走路沉稳，憨态可掬

瞳孔有时呈横向椭圆形，虹膜土红色

体背面颜色有深浅差异，有不规则深色斑纹

在繁殖季节，雌性中华蟾蜍身上的深色斑纹颜色会加重，而雄性中华蟾蜍依然呈现灰绿色

皮肤粗糙、满身疙瘩、分泌毒液、生活在阴暗的地方……这些特点让人们对蟾蜍有不好的印象。在一些地方蟾蜍更是与蛇、蜥蜴、蜈蚣、蝎子一起被看作是五种毒物。在《麦克白》中，莎士比亚通过描述女巫用蟾蜍制作毒药的场景，反映出同时代人将蟾蜍看作是邪恶的象征。

但蛙类的形象在许多文化中充满了美好的寓意和象征意义：从水到陆地的过渡能力使蛙类成为适应能力和经历生命平稳过渡的象征，在许多文化中它们还代表着新的开始和生育力。

三足金蟾

道家典故《刘海戏金蟾》中的金蟾为刘海带来了财富和吉祥，随着时间不断演变，逐渐就有了三足金蟾的形象。

祈求雨水的象征

在澳大利亚的神话中，蛙类不仅仅是在池塘里跳来跳去的生物，它们代表着更新、蜕变和净化，被看作是祈求雨水与富饶生活的象征。

彩陶蛙纹壶

蛙纹是马家窑彩陶上最常见的装饰纹路之一。蛙类繁殖能力强、产卵多，马家窑的蛙纹寄托了古人祈求多子多福的美好愿望。

谈"蟾"色变

森 林
城 市
草 地
灌 丛
湿 地

栖息地类型

春寒料峭，公园的水面才刚解冻，中华蟾蜍就已经出来活动了。只是天气还凉，它们白天躲在水底的泥土中，晚上在水中活动。

到了夏季，中华蟾蜍变得活力四射，它们会在草地、路边、房屋周边等地方活动。

与前面介绍的侧褶蛙相比，中华蟾蜍的皮肤更加粗糙，能帮

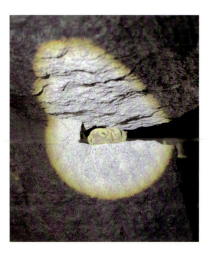

助它们更好地保存身体里的水分，因此中华蟾蜍可以在距离水源更远的地方活动。

是青蛙还是蟾蜍?

夏天雨后，空气清新湿润、弥漫着泥土的气息。当我们在公园里享受短暂的清爽时，我们脚步声惊吓到了路边的蛙，慌不择路之时它向前一跃，恰巧落在了我们的前方……

一定要小心不要踩到它。我们蹲下来仔细观察一下这只小可爱：这是一只灵巧的蛙还是憨态可掬的蟾蜍呢?

看看腿

拥有大长腿的小家伙可以跳得更远、游得更快，那就更有可能是青蛙。相比青蛙，蟾蜍的腿短于头身长度，身形看起来圆滚滚的，它们不能像青蛙一样跳得很远，有时在水中它们也会用爬行的姿势划水前行。

看看地点

　　我们先环顾四周，如果距离水源很远或是周围没有水源，那这个小家伙大概率是一只蟾蜍。因为比起蟾蜍，青蛙的皮肤更加娇嫩，特殊的生理结构使它们需要水环境保持皮肤湿润，因此青蛙更喜欢待在水里，皮肤湿润才能保持辅助呼吸的功能。因此比起蟾蜍，只有环境足够湿润或是雨后，青蛙才会大胆地来到陆地上活动，但不会离开水源太远，因为一旦找不到回去的路，它们就会有脱水的风险。而蟾蜍的皮肤粗糙，能更好地保持水分，而且它们不善于游泳，更喜欢爬行，因此蟾蜍更多在陆地上活动。

看看皮肤

　　观察过环境，现在我们来仔细看看眼前这个小家伙的皮肤。皮肤看上去湿湿滑滑，那大概率是一只青蛙。如果皮肤看上去干燥、粗糙，而且疙里疙瘩，那就很可能是一只蟾蜍。

　　青蛙的颜色往往更丰富，蟾蜍穿着更土气，再加上它们的疣状纹理，这些土色使它们能够无缝地融入田野和森林，保护它们不被捕食者发现。

D 花背蟾蜍

Mongolian Toad

又称麻癞呱、癞蛤蟆

拉丁名 *Strauchbufo raddei*

界 KINDOM	门 PHYLUM	纲 CLASS	目 ORDER	科 FAMILY	属 GENUS
动物界	脊索动物门	两栖纲	无尾目	蟾蜍科	花蟾属
Animalia	Chordata	Amphibia	Anura	Bufonidae	*Strauchbufo*

分布范围 地理分布

在中国，花背蟾蜍分布于河北、山西、黑龙江、辽宁、吉林、内蒙古、山东、安徽、河南、陕西、甘肃、青海、宁夏、新疆等省份。

在北京，花背蟾蜍的分布具有地域特点，它们多集中分布在通州大运河沿岸。

北京分布

海拔分布

4300 米

东灵山
2303 米

海坨山
2241 米

香山
557 米

百望山
210 米

0~3800 米均有记录

保护等级

《中国生物多样性红色名录——脊椎动物卷》 近危（NT）

IUCN评级 无危（LC）

北京市重点保护野生动物

栖息地类型

森 林

灌 丛

湿 地

作为北京地区仅有的两种野生蟾蜍，花背蟾蜍与中华蟾蜍拥有相同的生活习性与栖息环境。但花背蟾蜍不像中华蟾蜍在北京分布广泛，它们多数集中分布在通州大运河沿岸。

城 市

太阳落山后，来到绿心公园。在灯光昏暗的石子路上，花背蟾蜍潜伏着，一旦有不明真相的小虫子路过，它们会笨拙地爬行追赶或着急地跳起来捕食猎物。

草 地

D

花背蟾蜍

Strauchbufo raddei

雄性花背蟾蜍体背多为橄榄绿色或灰绿色，背疣红色不明显

雄性花背蟾蜍

雄蛙体长
55~60 毫米

雌蛙体长
55~65 毫米

最大个体可达 80 毫米

生活习惯

活动 ● 在灯光昏暗的夏季夜晚，花背蟾蜍会成群地在小路上捕食、活动。

捕食 ● 食性较广，以昆虫为主。

习性与繁殖季节

冬眠									冬眠		
			出蛰						冬季集群在沙土中冬眠		
1月	2月	3月	4月	5月	6月	7月	8月	9月	10月	11月	12月
			繁殖季节								

中华蟾蜍和花背蟾蜍

体型 成年中华蟾蜍体型明显大于花背蟾蜍

疣粒颜色 中华蟾蜍疣粒顶部有黑色斑点,花背蟾蜍疣粒灰绿或发红

疣粒排列 中华蟾蜍后背上疣粒排列无规则,花背蟾蜍的疣粒沿深色斑纹纵向排列

四肢斑纹 中华蟾蜍四肢具条形斑纹,花背蟾蜍四肢具椭圆形横斑

分类 都属于无尾目蟾蜍科

疣粒 身上都长有疣粒

耳后腺 都有明显的耳后腺

皮肤 皮肤粗糙

共同点

中华蟾蜍

雌性花背蟾蜍后背为黄白色,排列有褐色花斑,背疣顶部呈红色,沿花斑排列。背正中可见浅色脊纹

雌性花背蟾蜍

花背蟾蜍体形较小。与其他蟾蜍一样,花背蟾蜍耳后腺明显。腹面黄白色或浅褐色,一般无斑点

北方狭口蛙

Boreal Digging Frog

又称气蛤蟆

拉丁名 *Kaloula borealis*

界 KINDOM	门 PHYLUM	纲 CLASS	目 ORDER	科 FAMILY	属 GENUS
动物界	脊索动物门	两栖纲	无尾目	姬蛙科	狭口蛙属
Animalia	Chordata	Amphibia	Anura	Microhylidae	*Kaloula*

保护等级	《中国生物多样性红色名录——脊椎动物卷》无危（LC） IUCN评级 无危（LC） 北京市重点保护野生动物

分布范围

在中国，北方狭口蛙分布于北京、黑龙江、吉林、辽宁、安徽、河北、河南、湖北、江苏、山东、山西、陕西、天津、浙江、上海等省份。

在北京，由于北方狭口蛙喜欢躲在地洞里的习性，使得它们很少被人发现。除了山区，北方狭口蛙在北京的分布多在自然条件较好的公园中，如在东郊湿地公园、汉石桥湿地、温榆河公园、西山森林公园等都有发现。

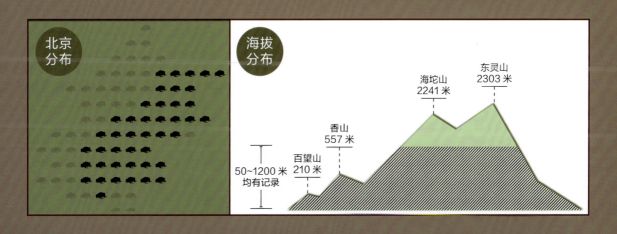

北京分布

海拔分布

50~1200 米均有记录

百望山 210 米

香山 557 米

海坨山 2241 米

东灵山 2303 米

北方狭口蛙

Kaloula borealis

雌雄蛙体长约 45 毫米

供图：陈龙

背部呈橄榄棕色，长有不规则的黑色斑点或花纹，腹部呈浅黄色

头部窄小、吻部钝圆，嘴宽与头宽几乎相同，眼睛较大，突出于头部两侧

脑袋的比例非常小，加上肥胖的身躯使得它们看上去像一个等腰三角形

北方狭口蛙是姬蛙科动物，这一科的蛙类通常看起来"圆滚滚"的，但它们却拥有洪亮的叫声。在《辞海》中，"姬"有"旧时以歌舞为业的女子"之意，恰似姬蛙科蛙类那悠扬动听的叫声，这也是其叫声的一大独特之处

栖息地类型

草 地

城 市

森 林

湿 地

灌 丛

通常北方狭口蛙是一种来无影去无踪的蛙类。它们是一种穴居型蛙类，虽然它们爬行起来慢吞吞的，跳跃能力也不太行，

但却善于挖洞，它们大部分时间都藏在土里，只有小脑袋露在外面，因此在城市公园中遇到它们的概率并不高。三伏天，空气湿

润，一些北方狭口蛙会在洞穴附近觅食。而每当暴雨过后，这些小家伙就会像约定好了一样，成群结队地出现在积水坑里。

弄岗狭口蛙
Kaloula nonggangensis

体长4~5厘米
体背橄榄绿色，有深色斑点
分布在广西弄岗自然保护区
生活在喀斯特地貌树林中

多疣狭口蛙
Kaloula verrucosa

体长4~5厘米
皮肤粗糙，体色呈棕色
体背分布排列成行的疣粒

四川狭口蛙
Kaloula rugifera

体长3.5~5.5厘米
体型宽扁
分布在四川和甘肃南部

花狭口蛙
Kaloula pulchra

体长5.5~8厘米
体型较大的狭口蛙
体背有镶棕色花边的黄色宽带

北方狭口蛙
Kaloula borealis

体长4~4.5厘米
体型较小
分布在长江以北的区域

截至2024年，我国共记录到5种狭口蛙（属狭口蛙属），除了北方狭口蛙外，其余的4种主要生活在长江以南的广大区域。

分布在北方的唯一狭口蛙

生活习惯

活动

● 不善跳跃，多爬行。
　喜欢躲在湿润的土壤或者落叶堆中。
　暴雨后集中出现在积水坑中繁殖产卵。
　夜间在路灯下也可见其活动。

叫声

● 大暴雨后雄蛙发出"啊、啊"洪亮而低沉的鸣叫。

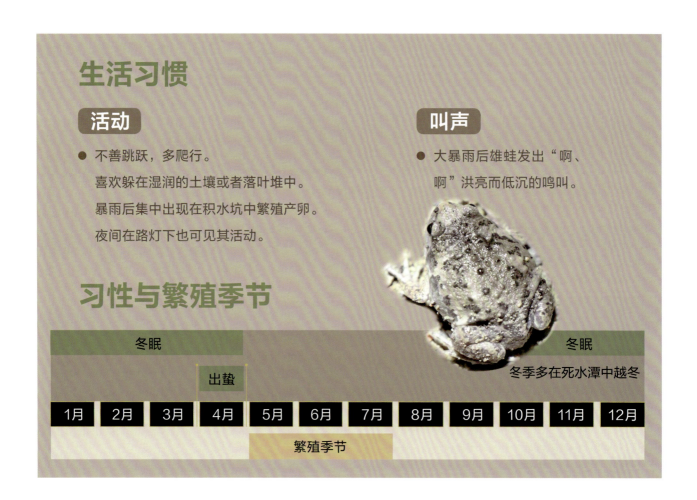

习性与繁殖季节

冬眠			出蛰								冬眠

冬季多在死水潭中越冬

1月	2月	3月	4月	5月	6月	7月	8月	9月	10月	11月	12月

繁殖季节

北方狭口蛙

暴雨之后的西山森林公园，对着路边的砖墙仔细观察，有许多鹌鹑蛋大小的北方狭口蛙趴在上面，
还有一只脚下一滑直接掉进下面的排水沟中

跳跃躲避威胁是本能，但跳不远就只能膨胀起来了。

在神奇的自然界中，为了生存和繁衍，北方狭口蛙练就了一套独特的本领：当受到威胁或者惊吓时，北方狭口蛙会大量吸入空气，迅速让自己的体积变大一倍，把自己胀得像一个气球，出其不意的变化让捕食者难以下咽，北方狭口蛙从而伺机逃跑。

北方狭口蛙的"充气"行为也被称作是动物的反捕食行为。

西山森林公园，一只被手电光吓到的北方狭口蛙

"一言不合"就生气

抬头
能上树

作者在西山森林公园拍摄树干上的北方狭口蛙

北方狭口蛙四肢短小，不具备其他蛙类那种出类拔萃的跳跃能力。在西山森林公园的调查过程中，我惊讶地发现北方狭口蛙竟然趴在树上，距离地面不过20厘米，若不是它湿润的皮肤有些反光，我会以为树干上有一块棕色的"大木耳"，而根本意识不到是一只北方狭口蛙趴在那里。

在这之后我又遇到过几次爬树的北方狭口蛙。在朝阳区温榆河公园的西南侧有一片开阔的草地，草地中间立着一棵孤零零的树。环顾四周，看到河边、草地这样的栖息环境，我们都坚信这里一定有很多的黑斑侧褶蛙和中华蟾蜍，甚至因为这里是大运河上游，我们还期待着可以发现一两只花背蟾蜍。靠近这棵小树时，我们发现了一只在树干上的北方狭口蛙，它的身体颜色和树皮非常接近，再加上它们善于利用环境进行伪装，所以即使在树干上，也很难一眼就辨认出来。就在我们围着这个"意外发现"时，这只北方狭口蛙突然从树干上"剥离"，精准地落在被两个树根包围的土洞里不见了踪影。

北方狭口蛙后腿内侧有一凸起，称为内跖[zhí]突，这个凸起让北方狭口蛙拥有了像铲子一样的后肢（箭头所指就是内跖突）。

在京西大觉寺后山，我有幸目睹了北方狭口蛙打洞的全过程。与想象中不同，北方狭口蛙并不是用前肢扒开土壤。在挖洞时，北方狭口蛙的上半身一动不动，然后利用后腿，左一下右一下像挖掘机一样有条不紊地蹬开身下的土壤，随着身体下面的土壤被拨开，北方狭口蛙的整个身体逐渐下沉，最后只有鼻子和眼睛露在洞外。

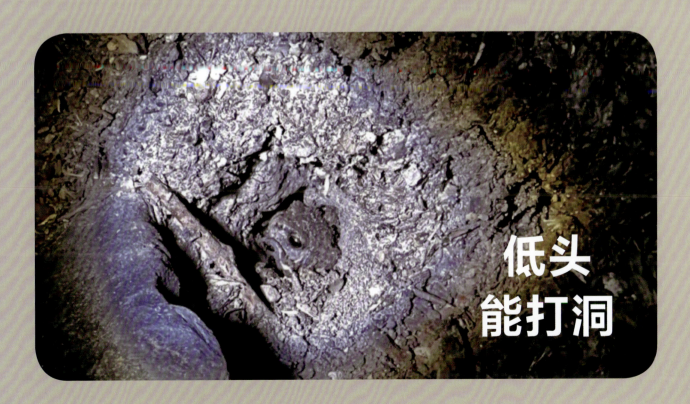

低头
能打洞

东方铃蟾

Oriental Fire-bellied Toad

又称 火腹铃蟾、臭蛤蟆、红肚皮蛤蟆

拉丁名 *Bombina orientalis*

界 KINDOM	门 PHYLUM	纲 CLASS	目 ORDER	科 FAMILY	属 GENUS
动物界	脊索动物门	两栖纲	无尾目	铃蟾科	铃蟾属
Animalia	Chordata	Amphibia	Anura	Bombinatoridae	*Bombina*

保护等级	《中国生物多样性红色名录——脊椎动物卷》 无危（LC） IUCN评级 无危（LC）

分布范围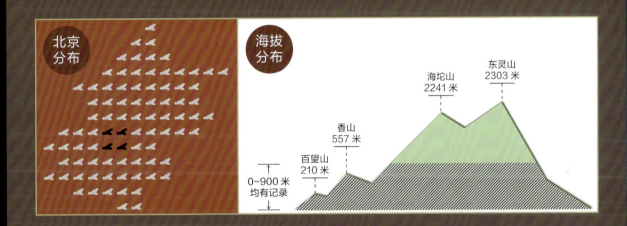

地理
分布

在中国，东方铃蟾分布于江苏、山东、内蒙古、北京、黑龙江、吉林、辽宁等省份。

在北京，东方铃蟾分布在西山范围内,从百望山至香山、鹫峰都有他们的分布。

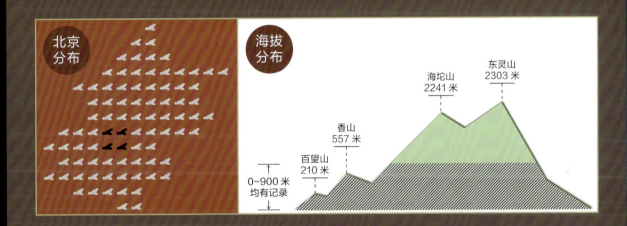

北京
分布

海拔
分布

东灵山
2303 米

海坨山
2241 米

香山
557 米

百望山
210 米

0~900 米
均有记录

61

北京野生蛙类

头型扁平
脸颊向外倾斜

体背棕色、灰绿色
腹面橘红色或橘黄色，有黑色斑点

指、趾端橘红或橘黄色

心形瞳孔

上唇缘有黑纵纹，吻端圆，略超出下唇

东方铃蟾

Bombina orientalis

雌雄蛙体长 40~45毫米

栖息地类型

生活在北京的东方铃蟾主要栖息在西山一带。我在百望山森林公园、西山森林公园、香山公园、八大处公园、鹫峰国家森林公园、法海寺森林公园都遇见过东方铃蟾。东方铃蟾尤为喜欢林间的小水塘。夏天在西山上观察昆虫，隐约听到嘈杂的虫鸣声中隐藏着微弱的"咕咕"生，沿着声音，就会发现旁边的水塘里，一个个东方铃蟾正昂首挺胸地在鸣叫。

城 市

森 林

湿 地

草 地

灌 丛

舌头虽短，却不影响捕食大戏

不同于其他蛙类喜欢炫耀长舌头，东方铃蟾选择低调行事，依靠伏击和耐心来捕捉猎物。

夜幕降临，在树林里躲藏了一天的东方铃蟾来到路边的排水渠里，开启了一晚的捕猎活动。找准一个位置，它们便会像雕塑一样一动不动，用它们体背的保护色与环境完美融合，耐心地等待。当有猎物路过时，它们会瞬间爆发，以惊人的速度跃起咬住猎物。

当天降大雨时，东方铃蟾会变得异常活跃，成群的东方铃蟾在路上跳跃活动。这时候每走一步都要小心，不要踩到它们。

生活习惯

活动

● 不善跳跃，多爬行。

受惊吓

● 身体不动、四肢蜷缩、头部和躯干末端上翘、露出腹部花纹；有时身体还会分泌怪味或白色黏液。

习性与繁殖季节

冬眠								冬眠			
			出蛰					冬季在土洞、地窖中越冬			
1月	2月	3月	4月	5月	6月	7月	8月	9月	10月	11月	12月
				繁殖季节							

东方铃蟾落户北京

1 从前，东方铃蟾这种两栖动物主要分布在北京以北的辽宁、吉林和黑龙江三省以及北京以南的山东、江苏等省份。在北京市并没有发现过它们的踪迹。

2

1927年，我国两栖爬行动物学奠基人刘承钊先生在山东烟台野采时，将200只东方铃蟾带到北京。

4 2015年起，北京大学的研究小组对位于北京、烟台和青岛等地区的东方铃蟾开展了生物调查工作，对其分布、数量和遗传多样性开展了详尽的研究。

3 刘承钊先生将这些东方铃蟾分别安置在北京大学校园内的水系和香山卧佛寺的溪流中。随着时间的推移，北京大学校园内的东方铃蟾逐渐消失无踪，而香山的东方铃蟾慢慢适应了新的生活环境，并开始繁衍生息。

5 研究结果一方面为北京东方铃蟾种群来自烟台提供了切实的遗传学证据；另一方面显示，在将近一百年的时间里，最开始被放在西山的东方铃蟾克服了少数个体引入、新环境适应等困难以及突破了天敌、繁殖、捕食等阻碍，北京的东方铃蟾与烟台的东方北铃蟾已产生明显的遗传分化，也就是随着这些东方铃蟾"落户北京"，它们已经形成了一个独立的种群，与一百年前的"本家"东方铃蟾产生了分化。

G 太行林蛙

拉丁名 *Rana taihangensis*

界 KINDOM	门 PHYLUM	纲 CLASS	目 ORDER	科 FAMILY	属 GENUS
动物界	脊索动物门	两栖纲	无尾目	蛙科	蛙属
Animalia	Chordata	Amphibia	Anura	Ranidae	*Rana*

保护等级

《中国生物多样性红色名录—脊椎动物卷》无危（LC）

IUCN评级 无危（LC）

分布范围 地理分布

在中国，太行林蛙分布于北京，河南辉县天界山，河北石家庄、保定、张家口。

在北京，太行林蛙主要分布在海拔200米以上的山间溪流中。

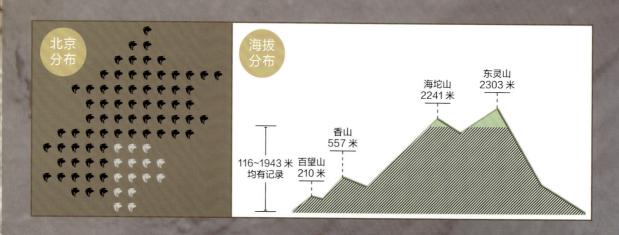

北京分布

海拔分布

116~1943 米均有记录

百望山 210 米

香山 557 米

海坨山 2241 米

东灵山 2303 米

揭秘太行林蛙的神秘身世

很长一段时间大家都以为北京的林蛙是中国林蛙，但河南师范大学的陈晓虹教授和她的研究团队在野外考察时却意外地发现了真相！原来，那些在北京、河北和河南西北部逍遥的林蛙，其实都是太行林蛙！而中国林蛙真正的家园，其实在黄河流域、太行山西南端的河南济源，以及秦岭东部的河南灵宝和南召。

供图：韩兴志

G 太行林蛙

Rana taihangensis

雄蛙体长 40~55 毫米

雌蛙体长 40~60 毫米

肩上方有一个 X 形疣粒

背侧褶

腹部淡黄色

供图：李昂

四肢有深色横纹

体背颜色变化大：红棕色、浅橘粉色、浅褐色、灰白色、绿褐色

背部和腹部皮肤光滑

吻棱明显

颞褶：自眼后延伸至肩上方

背侧褶

供图：陈龙

生活习惯

活动 ● 善于跳跃

习性与繁殖季节

冬眠											冬眠
			出蛰								
1月	2月	3月	4月	5月	6月	7月	8月	9月	10月	11月	12月
			繁殖季节								

栖息地类型

太行林蛙在北京主要生活在山间溪流中，夏天的夜晚沿着喇叭沟门的乡间小路散步，你会在马路上遇到很多太行林蛙。就算入秋后天气开始转凉，太行林蛙依然活跃。

森 林

灌 丛

供图：韩兴志

认识了北京的野生蛙类
接下来让我们准备开始
寻蛙之旅

在北京，野生蛙类可能就藏在公园的池塘、郊外的湿地，甚至是小水坑里。

不过，寻蛙可不是件容易的事。它们可不会乖乖地等你来找。所以，咱们得学会用耳朵听、用眼睛看、用鼻子闻。听，那呱呱的叫声，是不是它们的呼唤？看，那片湿润的草地，会不会就是它们的家？

闻，那清新的水汽，是不是来自它们的栖息地？

别忘了，寻蛙的时候，咱们要做个负责任的自然观察者。别惊扰了它们，更别伤害它们。我们只是去看看，了解一下它们的生活，然后分享给更多的朋友。

03 » 遇见一只蛙

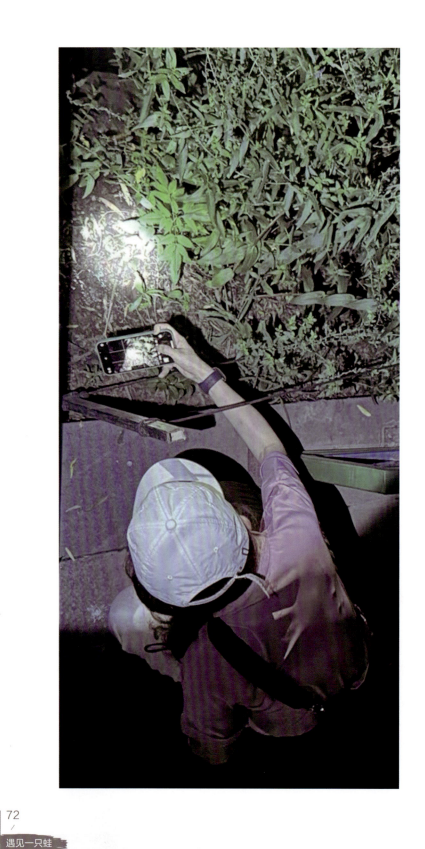

A 要领

B 要领

C 要领

正确的**时间**

· 最佳时间

· 夜间寻蛙

· 降雨之后

正确的**地点**

· 蛙类喜欢的地方

· 自然岸线

正确的**方式**

· 调查准备

· 室外调查

· 结果整理

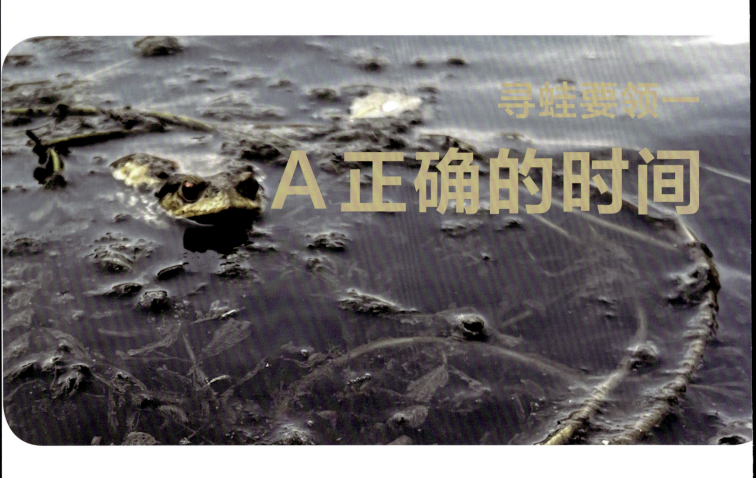

寻蛙要领一

A 正确的时间

二十四节气中的蛙足迹

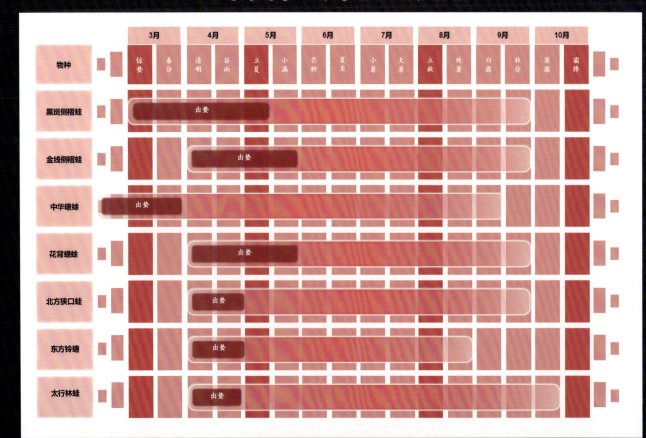

每年 6—8 月为寻蛙的最佳时间

惊蛰时分，中华蟾蜍便迫不及待地结束了它们漫长的冬眠，开始新一年的户外探险。此时的中华蟾蜍还只是三三两两地在水面下活动，偶尔还把自己埋在底泥中，只露出半个身子，而此时其他蛙类还在沉睡。

如果想要与蛙类来一场不期而遇的邂逅，那就抓住6—8月的黄金时期。夏季炎热，雨水充沛，使得蛙类们也开始忙碌起来：它们聚在水坑中，共享食物盛宴。雄蛙们更是兴奋不已，激昂的蛙鸣声在吸引雌蛙的同时，也泄露了它们的秘密藏身之地。

此起彼伏的蛙声，仿佛在召唤："快来找我们吧！"这美妙的声音，意味着蛙类在野外已经非常活跃，我们容易一睹它们的风采。这时，调查工作也变得更加轻松愉快，仿佛与蛙类们共同上演了一场大自然的和谐乐章。

惊蛰

惊蛰对于许多动物来说是非常重要的日子，这标志着它要抓紧温暖的季节开始活动、觅食、社交、繁殖。惊蛰前后，升高的气温促使蛙类从冬眠中陆续苏醒，春雨及时为蛙类补充冬眠失去的水分。

随着立夏的到来，气温逐渐攀升，白天的阳光变得炙热难耐。为了避开这种酷热，许多动物选择在清晨和黄昏这两个相对凉爽的时间段进行活动。在这个季节，蛙类的活动频率显著增加，它们在清晨和傍晚时分变得更加活跃。雨水增多为蛙类的繁殖提供了良好的条件。许多蛙类会选择在这个时候产卵，因为温暖的水温有助于卵的快速孵化。

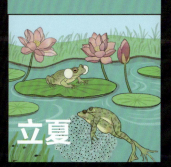

立夏

立秋

立秋的到来标志着夏季的尾声，预示着炎热的天气即将逐渐消退，气温开始逐渐转凉，此时自然界中的许多生物都会开始为即将到来的冬天做准备。特别是蛙类，它们会在这个时候大量捕猎，以此来储备足够的能量，确保自己能够在寒冷的冬季中生存下来。

霜降标志着秋季向冬季过渡，气温逐渐降低，昼夜温差变大。此时的阳光无法驱散大地的寒意，蛙类逐渐不能获取充足的热量维持身体活动，这些原本活跃的生物开始逐渐减少活动频率，纷纷寻找适合的冬眠场所。它们会选择一些温暖、避风的地方，如泥土深处、树洞或石缝中，进入一种休眠状态，以度过寒冷的冬季。

霜降

寻蛙要领一

A 正确的时间

夜间寻蛙

夜间寻蛙，不仅是对蛙类生活习性的尊重，更是对自然的敬畏

蛙类喜欢在夜色中穿梭。在夜间，蛙类纷纷出动，寻找食物、繁衍后代，甚至进行社交活动。此刻，悄悄踏入神秘的蛙类世界，才可以窥见夜晚大自然的画卷。

相比于熙熙攘攘的白天，夜晚的宁静为蛙类提供了一个没有干扰的舞台。它们在这个舞台上展现出高超的捕食技巧。它们或是小心翼翼地接近猎物，用舌头以迅雷不及掩耳之势捕获食物；或是借助身体的伪装，躲藏在暗处，耐心等待猎物上钩。

而在这宁静的夜晚，蛙类的叫声也变得更加清晰悦耳。它们用这独特的歌声吸引着异性，提高了求偶的成功率。一声声蛙鸣像是自然的乐章，回荡在静谧的夜色中。

降雨之后

雨水带来的湿度和温度的变化，为它们提供了一个理想的生存环境。雨后的潮湿有助于它们维持身体的水分平衡，使得它们更为活跃。

对于北方狭口蛙来说，雨后更是它们欢腾的时刻。湿润的环境帮助雌蛙顺利排卵，而雨后的池塘和小溪则成为了蝌蚪们的乐园。它们在水中嬉戏，享受着成长的快乐。

寻蛙要领二
B 正确的地点

在这里，黑斑侧褶蛙是最常见的蛙类之一。它们善于在挺水植物中穿梭，利用这些植物作为掩护，偶尔也会在草丛中活动。

我们来到靠近岸边的水域环境

蛙类喜欢
藏身的
地方

接下来，我们来到荷塘边。在这里，金线侧褶蛙是主角。它们喜欢趴在荷叶上休息，享受着温暖的阳光和拂面的微风。它们在荷塘中捕食昆虫，维护着荷塘的生态平衡。

与黑斑侧褶蛙和金线侧褶蛙不同，中华蟾蜍更喜欢在岸上活动。它们常常在草丛、灌木丛或石头下寻找食物和避难所。一些体型较大的中华蟾蜍面对走动的路人也不为所动，即使不小心被踢到，它们也只会不情愿地挪动一下位置。

一转身，我们遇到了中华蟾蜍

沿着山路前行，我们来到了西山，这里是寻找东方铃蟾的最佳地点。每年6月，新孵化的东方铃蟾刚可以上岸生活，此时它们还没有指甲盖大，还可以看到它们没有完全退化的尾巴。当它们一动不动时，就像是林间的一颗小石子或是静静地趴在地上的甲虫，以此巧妙地躲避天敌。

前面的树干上趴着一只北方狭口蛙！北方狭口蛙善于打洞或者爬树，平时它们行踪隐蔽，只在暴雨后集中现身。

更多的成年东方铃蟾则躲在小水塘的边缘处，它们利用扁平的身体与灰褐的体色让自己与环境融为一体。

供图：陈龙

寻蛙要领二
B 正确的地点

自然岸线

　　沿着水陆交错的地带寻找蛙类，要时刻关注自然岸线：

· **缓冲坡岸**　由石块和泥土组成，像是蛙类往来水体和陆地的秘密通道。白天，它们隐藏在茂密的芦苇丛中，与周围的环境融为一体。等到夜晚，蛙类会沿着秘密通道自由地往来水陆之间。

· **水生和陆生植物**　是昆虫的天堂，也是蛙类的美食天堂。它们在这些植物间穿梭、躲藏、休息，夜晚的蛙鸣也在这里响起。植物的根系也给蝌蚪的生长发育提供了很好的庇护。

沉水植物

浮水植物

挺水植物

缓坡结构

陆生植物

寻蛙要领三
C 正确的方式

第一步 调查准备

1 收集资料

了解调查地区分布的蛙类、
自然地理位置、地形地貌、
土壤、气候、植被等情况

2 调查工具准备

调查记录表、手电、相机、
手套、防蚊虫喷雾等

**3 技术培训和野外
考察安全培训**

调查记录表

基本信息
物种名：　　　　数量：　　　　　海拔：
　　　　　　　　纬度：
经度：

生境状况（发现物种的环境）
森林　　　灌丛　　　草地　　　城镇
荒漠　　　湿地　　　农田　　　其他

干扰因素
环境污染　　　生境退化　　　自然灾害
人类干扰　　　外来入侵物种　　其他

根据《生物多样性观测技术导则　两栖动物》
（HJ 710.6—2014）和《县域两栖类和爬行类
多样性调查与评估技术规定》，两栖动物调查一般
采用样线法。

第二步 室外调查

蛙类的一生
离不开水环境

1 调查方法——样线法

样线法是指在调查样区内沿选定的一条路
线记录一定空间范围内出现的物种相关信
息的方法。

样线布设：设置在水陆交错地带为最佳。
为了调查数据具有代表性，样线要尽量覆
盖调查区域内各种生境和海拔段。

2 调查时间与频次

蛙类调查每年要开展两轮：
a. 5 —7 月的繁殖季
b. 8 —9 月的非繁殖季
由于蛙类喜欢昼伏夜出，
因此傍晚开展蛙类调查效果最佳

样线长度：山区不低于 200 米
　　　　　平原不低于 500 米

样线宽度：样线宽2~5 米

样线数量：在城市公园调查时，每个公园设置2~3条样
　　　　　线为宜，为尽量降低不同调查点之间的自相
　　　　　关，调查样线之间的距离不低于1000 米

第三步 调查报告整理

1 对采集到的照片
进行整理和鉴定

2 生成调查物种名录：
每个调查地点都有
哪些蛙

3 编写调查报告：
蛙的城市生活过得咋样

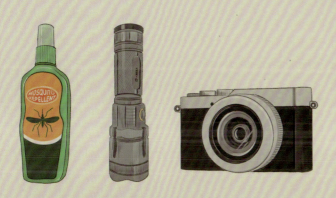

迫不及待地准备好探索装备，满怀期待地开始
今日的蛙类探险之旅。

01

邂逅蛙鸣，探索自然的旋律

在阳光灿烂的白天，提前踏上今晚的路线，探
寻蛙类们钟爱的乐园。特别标记那些蛙鸣悠扬的
地方，让夜晚的探索之旅增添几分与蛙类不期而
遇的机会。

02 查阅地图
标记潜在的位置

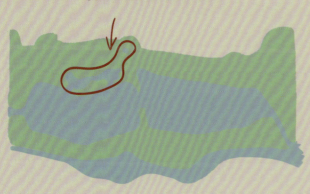

03

查阅地图，确定今天的探索地点——湿地环境，
期待能找到蛙类可能孕育新生命或尽情嬉戏的秘密基
地，标记下这些神秘角落，我们的冒险才刚刚开始。

04 万事俱备，调查开始

　　到达今晚的调查地点，在开始前一定要穿好长袖长裤、喷好防蚊液，不然在手电光的吸引下，蚊虫会不停地撞向你。每年的6—8月，蛙类调查如期展开。这些神秘的蛙类朋友们白天潜伏，夜晚活动，因此我们的寻蛙探险之旅总会在夜间开展。

做好调查记录 07

调查过程中，我们会使用软件记录调查样线轨迹和物种的位置信息，并完成调查记录表。

意外收获

手电的光芒在夜色中跳跃，地面上的秘密被逐渐揭开。不过，当你抬起头，也许就会与一条在树上打盹的赤峰锦蛇不期而遇，它的眼神仿佛在说："嘿，你也在这里啊！"又或者，草丛中突然传来窸窸窣窣的声音，原来是一只小刺猬悄悄路过，为这个夜晚增添一份特别的趣味。每一次调查，都是一场与大自然的亲密接触，充满了无尽的惊喜与期待！

06 有时

有一种特殊的地方总是吸引着我们，那就是芦苇丛。这些看似平凡且普通的湿地环境，却隐藏着无尽的奥秘与美丽。我们蹑手蹑脚地行走在绵软的泥土上，屏住呼吸、心跳加速，好像期待着什么。突然，那看似静止的芦苇丛里，冒出了一个小脑袋——原来是北方狭口蛙。仔细观察你会惊讶地发现，在这片沼泽地里，还有许多和它一样可爱的小家伙，它们正静静地趴在泥地里，等待我们的发现。

05 寻蛙

石头下、叶片间，都是搜寻蛙类的好地方。每当发现一只蛙，我们都激动得像发现新大陆一样，然后小心翼翼地靠近，迅速判断种类、完成记录。我们都仿佛练就了千里眼和顺风耳，能将这群小家伙一一找出。

寻蛙难点

寻蛙难点：只露出一个小脑袋

认识了北京的七位蛙界明星，掌握了寻蛙"天时地利人和"的三大技巧，你是不是已经跃跃欲试，想要加入蛙类探险的大军了？

被发现的中华蟾蜍不情愿地挪动位置

野外探险可不是想象中那么简单哦！你可能会陷入"啥都看不见"的尴尬，或者只能听到"扑通扑通"的入水声，看到一圈圈涟漪，却连蛙影都瞧不见。

记得我第一次参与两栖动物调查，身为小白的我理所应当地把调查工作理解成了"夜间的春游活动"，穿着短裤短袖、背着零食就出发了。结果可想而知，我不仅成为了蚊子的美食，还一路撞破了无数蜘蛛网，狼狈不堪。

看着队友们一个个兴奋地发现："这里有一只中华蟾蜍！""芦苇中间是不是藏着一只黑斑侧褶蛙？""快看，石头下面有只北方狭口蛙！"而我站在中间，心急如焚，却一无所获。

就这样，一条样线、两个小时，队友们有条不紊地记录数据、拍摄照片，而我却像一只迷失的小羊羔，满脑子都是"为啥我什么蛙都看不到？"整个调查过程仿佛就是一场"在哪啊…""在这，就在这呀"的捉迷藏游戏。好在有老师的帮助，我见识到了许多前所未见的蛙类，结束时我惊叹于北京公园中竟藏有如此多的蛙类，但没能自己发现它们，心中难免有些遗憾。

作者说：
两栖动物调查的
关键是锻炼眼力

"你脚边有只中华蟾蜍！"

直到有人大喊："你脚边有只中华蟾蜍！"我低头一看，心想："我刚才明明看过这里，哪有蟾蜍？"但仔细一看，果然发现了那只隐藏得极好的中华蟾蜍，个头还不小呢！

经过一个夏天的锤炼，我仿佛练就了"火眼金睛"，无论是睡莲叶片下露出小脑袋的中华蟾蜍，还是草丛中一跃而过的金线侧褶蛙，或是落叶下藏匿的北方狭口蛙，都逃不过我的"法眼"。从此，我成了寻蛙大军中的佼佼者！

藏在落叶下只有一个指节大小的北方狭口蛙

克服寻蛙难点

蛙类通常体型较小，这使得寻找它们的过程具有一定的挑战性。借助现代便捷的科技，可以"缩短"我们与蛙类的距离：打开手机摄像头，对准眼前的景物进行放大观察，我们或许能够更清晰地看到画面中那些探出小脑袋的蛙类。这样一来，即使蛙类藏匿在草丛或石缝中，我们也能够及时发现它们，让寻蛙过程变得更加轻松而有趣。

借助科技

01

画面的正中央有一只中华蟾蜍，您能发现它躲在哪里吗？

02

打开手机照相模式，放大5倍，小家伙的身影逐渐清晰。

03

放大到15倍，可以看到一只中华蟾蜍露出了半个小脑袋。

会反光的眼睛

　　晚上找蛙类是需要手电帮忙的！当你用手电照着水面的时候，可别漏过了任何一个闪闪发光的小点点，那可能是蛙类的眼睛。还有，在手电突然照亮的时候，蛙类可能会被吓得一动不动，但等你移开手电，它们可能会快速调整姿势或者换个躲藏的地方。所以，留意这些微小的变化，寻蛙就能事半功倍。

蛙声不顺

04 »

蛙声不顺

垃圾影响

外来入侵物种

灯光干扰

垃圾影响

一只中华蟾蜍和废弃口罩的合影

还没有烟头一半大的黑斑侧褶蛙

　　河道中常会有废弃的口罩、塑料袋等垃圾。这些垃圾在水流的作用下，可能会缠绕在蛙类的身体上。如果这些可怜的小生命不能及时挣脱这些束缚，它们可能会因此而溺水身亡。而一些碎片、玻璃制品会划伤蛙类的皮肤或被它们误食，同样造成严重的后果。

　　垃圾的存在不仅影响了河道的美观，更带来了许多有害物质。这些有害物质会污染水体，堵塞水流，影响河道的生态环境。过多的污染物质会消耗水中的氧气，导致水质恶化。同时蛙类在通过皮肤呼吸时也会将有毒有害的物质吸收进体内，影响蛙类的健康。被污染的水体还会影响蛙卵和蝌蚪的正常生长和发育，影响蛙类种群的数量。

一只黑斑侧褶蛙在塑料垃圾中伺机捕食

黑斑侧褶蛙与背上的塑料袋

中华蟾蜍的面前漂浮着塑料泡沫碎块

美洲牛蛙在北京城市公园已然是常客。2022年夏天在海淀公园我第一次与美洲牛蛙邂逅。那时已是夏季的尾声，夜晚公园里北京"原著蛙"大多已经不再外出觅食。一晚上只遇到了一两只皮糙肉厚的中华蟾蜍。就在临出公园门的木桥下，我发现了这个"美味"的大家伙：绿油油的脑袋，深色条纹的身体。我第一反应是这个黑斑蛙颜色真好看，而且也大得很。我小心地靠近拍照，却发现他并不像别的黑斑蛙，一旦有人靠近就立刻逃走，它好像很享受被镜头记录的感觉。这可是个拍照的好机会，我越凑越近，想看看这个有两个手掌大和独特花纹的庞然巨物。"这不是个美洲牛蛙吧？"我大胆猜测，朋友立刻查出了美洲牛蛙的照片，还真是！

"第一次见，不是泡在辣汤里的牛蛙！"这是那天我在朋友圈编辑的文字。

后来我在紫竹院公园、奥林匹克森林公园、温榆河公园都见过他们的身影，记忆最深的是在东城区的柳荫公园。位于居民区的柳荫公园夜生活十分丰富：歌声、戏剧声、收音机广播声……在这些嘈杂的声音中，我听到了一个独特的叫声，是非常低沉的、十分有穿透力的哞哞声。通过声音确定它就在我面前的一片睡莲中，我拿着手电仔细搜索，伴随着叫声，我突然看到了一个黄黄的大声囊在安静的睡莲中鼓了出来，特别显眼。原来这个大家伙趴在一片睡莲上，还一副玩世不恭的样子。

作者说：

"第一次见，不是泡在辣汤里的牛蛙"

两栖纲（Amphibia）/ 无尾目（Anura）/ 蛙科（Ranidae）/ 蛙属（*Rana*）

外来入侵物种

美洲牛蛙
——外来的霸王

拉丁名 *Lithobates catesbeianus*

霸王本色

　　成年的美洲牛蛙体长可达到25~30厘米，皮肤通常呈绿色、棕色或灰色，有的带有不规则的斑点或条纹。背部通常较粗糙，有疣点。它们的后腿长而强壮，适合跳跃。

水域之王

　　美洲牛蛙是贪婪的捕食者，它们捕捉各种小动物，包括昆虫、小鱼、小鸟，甚至其他蛙类和小型的哺乳动物。

远方来客

　　美洲牛蛙原产于北美洲，是美洲体型最大的蛙类。

生存大师

　　当水温或者食物无法满足美洲牛蛙蝌蚪生长发育时，它们就会放缓发育或是暂停在蝌蚪阶段几个月甚至几年，直到生活环境舒适且食物充足，蝌蚪才会继续生长发育。

神秘号角

　　因叫声像牛一样"哞哞"，低沉而悠长，人们根据这种独特的叫声，给这种生物取名为美洲牛蛙。

桌上美味

　　美洲牛蛙因其鲜嫩和丰富的口感而被广泛认为是美味佳肴，在许多国家的餐桌上备受欢迎。尽管美洲牛蛙被广泛食用，但过度捕捞和不当的养殖方式也能对生态系统造成影响。

跳跃能手

　　与其他大型蛙类不同，美洲牛蛙虽然身形庞大，但依然保持着蛙类的跳跃能力，它们后腿长且强壮，非常适合跳跃和游泳。无论是穿越茂密的草地，还是在水中畅游，美洲牛蛙都能凭借其强壮的后腿，展现出惊人的敏捷性。

种族扩张者

　　不当的养殖方式和超强的环境适应能力使得美洲牛蛙一旦逃逸就会给当地的生态系统带来麻烦。它们还是蛙壶菌携带者，这种病菌会导致一些脆弱的本地蛙类快速丧命。

走上餐桌的"坎坷"之路

新民晚报 阅读 A31

卡斯特罗赠送的特殊国礼(3)
——中古"牛蛙"外交轶事

餐厅中待宰的美洲牛蛙

供图：阿森

供图：郑老五

1961 年起
中国－古巴"牛蛙"外交

1935 年
「上海养蛙场」开张，
专门叫卖美洲牛蛙

1950 年
由于缺乏养殖经验，
牛蛙养殖无一成功

1924 年
台湾引进美国牛蛙
开始养殖

均以失败告终

人工饲料得到改进
全国开始广泛的引种和饲养
1990 年

总产量达到 40 万吨左右
2019 年

总产量增长至 15 万吨
2013 年

美国牛蛙腿登上国宴餐桌
1984 年

重启牛蛙养殖
大获成功
1980 年

蛙声不顺

放生行为带来的痛

2023年夏天，碰巧与家人在顺义罗马湖吃饭，饭后沿湖行走，连续发现了两三只已经四肢肿胀、眼睛发白的巴西龟，个头大小都差不多，看起来可能是刚被放生不久的样子，这场景让人感到惋惜。

巴西龟出现在北京，多数人已见怪不怪，因为巴西龟价格低、好养活等特点，使其在爬宠市场上

底的"汪洋"之中，无疑是一场巨大的挑战。它们开始慌张地划动四肢，试图在水中保持平衡。然而，这种剧烈的挣扎使得它们很快就需要浮到水面上换气休息。当它们努力游到水面时，却发现水面上空空如也，没有可以休息的地方，这时它们开始无比怀念曾经有晒背台的日子。

经过一段时间的挣扎，巴西龟终于找到了一块

深受小朋友与新手饲主的青睐。然而，不负责任的弃养与放生行为让这些原本是宠物的巴西龟出现在了北京的自然环境中。

"把一只小小的巴西龟放生在这片广阔的湖水中，它一定能够更好地生活下去。"这可能是每一个放生者心中的美好愿望和自我安慰。然而，当这些巴西龟被放到湖水中的那一刻，它们的噩运也随之开始。

对于这些小乌龟来说，突然置身于一个深不见

可以晒太阳的木头。就在它们刚刚开始舒展四肢时，一只早已等待多时的白鹭突然飞来狠狠地啄了它们一口。幸运的是，巴西龟的硬壳抵挡住了白鹭的尖锐啄食。小乌龟们连滚带爬地躲进了水里，继续在湖中艰难地生存。

随着时间的推移，秋天悄然来临。巴西龟发现，它们才刚适应不久的生活环境变得越来越冷。湖面开始结冰，水中的空气也越来越稀薄。到了春天，万物复苏，然而，一些弱小的巴西龟却永远停留在了冬眠的沉睡之中，再也没有醒来。

据不完全统计，入侵物种每年对我国造成的直接和间接经济损失高达2000亿元人民币，我国也越来越重视放生带来的问题。

新修订的《中华人民共和国野生动物保护法》第四十一条明确规定：随意放生野生动物，造成他人人身、财产损失或危害生态系统的，依法承担法律责任。

《北京市野生动物保护管理条例》于2020年6月实施,其中规定，单位和个人可以参加野生动物保护管理部门会同有关社会团体组织的野生动物放归、增殖放流活动，禁止擅自实施放生活动。对于擅自放生的，也将处以罚款。

灯光干扰

平常在水边捕捉猎物的蛙类发现，原本在水边活动的昆虫都被远处的路灯吸引。最开始，蛙类还守在熟悉的水边，等待着本该成群结队出现的飞蛾和蚊虫，慢慢地一些饥肠辘辘的蛙类壮起胆子来到灯光下捕猎。

路灯下，这里的昆虫丰富得像是蛙类的自助餐，但美味总是伴随着危险。白天不愿意露面的捕食者们，现在能在夜晚清晰地看见蛙类的行踪，很多蛙类在劫难逃。水边的蛙类开始察觉到，一些前往路灯下充饥的同伴因为被黄鼠狼或是野猫捕食而再也不能返回它们一起休息的水边。

更为棘手的是，蛙类的生物钟被彻底打乱了。长明的路灯让它误以为天色未暗，因此错过了鸣叫的最佳时机。那块受人类灯光侵扰的池塘，蛙类的数量逐年减少，慢慢变得寂静无声，往年热闹的繁殖活动变得冷清。

保驾护航

认识路杀：

路杀是指在公路等交通道路上，车辆与野生动物相撞并导致动物死亡的现象，城市中也会出现踩踏导致小型野生动物丧命。这是一种日益严重的生态问题，对野生动物种群和生态系统造成了显著的影响。

根据南京大学动物行为及保护实验室路杀生物调查记录显示，仅2024年7月，来自公民提供的路杀记录共计522条，涉及哺乳动物14种、鸟类46种、两栖动物17种、爬行动物54种。

冒险穿越公路

原本，小青蛙们拥有一片完整的生态家园，大片的草地、树林、农田和流动的河流。随着人类活动变得频繁，两条宽阔的公路逐渐贯穿这片生态家园，将原本整块的栖息地割裂成了分散的孤岛。

对于生活在右侧绿地中的小青蛙而言，要想抵达那片清澈的水塘，它们必须鼓足勇气，穿越公路。小青蛙们并不知道要躲避公路上疾驰而过的汽车。对于它们来说，那些巨大的钢铁怪兽是前所未见的恐怖存在。在惊恐之下，小青蛙们只能凭借本能，疯狂地向前跳跃，试图穿越并远离这条危险的公路。然而，幸运之神并不会眷顾每一只小青蛙，有些能够侥幸穿越，但更多的则会在车轮下丧生。

除了玻璃，建筑物的缝隙、孔洞也会导致昆虫或小型脊椎动物卡住。在海淀的某地下车库出入口处，水泥台与玻璃外墙之间有宽度不足1厘米的缝隙，里面堆积了大量蝴蝶、蜻蜓的残骸，数量多到触目惊心。在这之中我还发现了一只在城市中比较少见的花椒凤蝶。

应对措施

建造动物通道： 当公路铺设穿越完整栖息地或是经过野生动物迁徙路线时，为了减少野生动物穿越公路带来的严重后果，科学家们通过搭建供动物使用的"过街天桥"或是"地下通道"来减少野生动物与交通工具相遇的概率。

围栏和屏障： 在道路两侧设置围栏，避免野生动物直接进入公路区域活动。除了防止误入，这些围栏和屏障还可以把野生动物引向它们专属的"过街天桥"和"地下通道"，这样既避免了动物盲目穿越公路又促进了公路两侧野生动物的交流。

我国第一条考虑动物路权的铁路——青藏铁路

青藏铁路在建设时要穿越很多野生动物的迁徙路线和休息区，为将对野生动物的影响降至最低，青藏铁路全线设置了33处野生动物通道。这些通道的设计充分考虑了藏羚羊、野牦牛等珍稀野生动物生活与迁徙的习惯，使得青藏铁路真正成为人与动物的"和谐之路"。

生态友好型道路设计： 在规划和设计道路时考虑野生动物的迁徙路线和栖息地，尽量减少对自然环境的干扰。

交通标识： 在野生动物活动频繁的区域设置提示标语，提醒往来司机注意穿越公路的野生动物。

教育和宣传： 通过学校教育、媒体宣传、社交平台等多种渠道，向公众普及野生动物保护知识，提高公众对野生动物路杀现象的认识。

不只是路杀，玻璃建筑对野生动物也构成了严重的威胁。由于玻璃的反光性与透明性，鸟类在飞行时误将玻璃上的反射视为可到达的栖息地，或者试图穿过透明的玻璃。

根据相关研究，每年有数百万到数十亿只鸟因撞击玻璃建筑而死亡，尤其是当鸟类迁徙线路穿过的城市有高层建筑物时鸟类撞击建筑物的问题更为严重。

城市的排水沟可以为一些小动物如昆虫、蛙类、小型哺乳动物等提供栖息地，但也可能成为陷阱让它们无法脱身。

在绿堤公园附近一个废弃的排水井里，我发现了一只中华蟾蜍，小家伙四肢蜷缩躲在角落里。我观察了一会，看着它不太像是能爬出这个"光滑"且"深不见底"的枯井，于是我决定伸出援手，帮助这个小家伙回到它熟悉的草丛里。

蛙声不顺

保护蛙类

保护蛙类

　　垂直驳岸是城市水系中很常见的一种护岸结构，一般由水泥修砌而成，与水面垂直、距离水面有一定高度。垂直驳岸可以有效地稳定河堤、防止水土流失等，而且给游客提供了一个观景的安全场所。

　　但垂直驳岸阻隔了水体与陆地的连接，对于沿河生活的动物来说是一个难以逾越的障碍：由于缺乏自然的坡度和植被，许多依赖于河岸生态系统的物种失去了重要的栖息地和觅食场所。

　　蛙类作为水陆兼栖的动物，受到垂直驳岸的影响更为明显：以中华蟾蜍为例，面对石块垒成的垂直驳岸，中华蟾蜍试着往上爬，但它的四肢并不善于攀援，刚刚扒住石缝就仰面朝天地掉回水里。

　　自然驳岸可以丰富栖息地环境，为植物提供生长的基础。植物为昆虫和小型无脊椎动物提供庇护，同时也为鱼类、两栖动物、水生昆虫等提供产卵和繁殖的场所以及食物来源。

自然岸线是
城市蛙类保护的关键

2024年4月，在海淀公园北侧的一条小河里，我发现了很多黑斑侧褶蛙，有意思的是其中一些黑斑侧褶蛙顶着红红的鼻尖，像是撞破之后愈合的伤疤。

更好地保护

让城市对野生动物更友好

建造人工栖息地

在城市中建造人工湿地、池塘和垂直绿化墙等，为蛙类提供适宜的栖息地。这些栖息地应该模拟自然环境，包括水源、遮蔽物和适合繁殖的表面。

城市规划与生态保护结合

在城市规划和建设中，应考虑生态保护，避免对蛙类栖息地的破坏。例如，在新建或改造公园、湖泊和河流时，应尽量保留或模拟自然环境。

恢复自然驳岸

在可能的情况下，恢复或建造自然风格的河岸，如使用石头、木材或其他自然材料，以提供更多的栖息和繁殖空间。

绿化城市空间

增加城市绿化空间，特别是在水源附近，为蛙类提供更多的食物和栖息地。这不仅有助于蛙类的生存繁衍，还能有效改善城市生态环境，促进生物多样性的恢复。绿化植被能吸附空气中的有害物质，净化水质，为蛙类及其他野生动物创造一个更加宜居的环境。

公共教育和宣传

通过公共教育和宣传活动提高公众对蛙类的保护意识，鼓励人们参与保护工作，比如参加志愿活动、社区环保项目以及学校教育项目。通过举办讲座、展览和线上宣传，普及蛙类生态知识及其在生态系统中的重要性，激发公众的保护热情。

让我们对
野生动物更熟悉

·了解它们的更多途径

　　首先要了解你所在地区都有哪些蛙类或其他野生动物，最简单的方式当然是通过网络或是阅读科普书籍与图鉴、观看纪录片、参加讲座、观看展览，了解他们的生活习惯与环境需求。之后可以开展简单的自然观察活动，走进公园与湿地，带上望远镜、相机、笔记本，记录下他们的一举一动。如果你还愿意为保护野生动物尽一份力，那么欢迎你加入到野生动物保护团队的公众科学研究中。

·不要捕捉 尊重习性

　　当我们与野生动物偶遇时，应当以一种静默而敬畏的态度去观赏它。你可以安静地观察，感受那份纯净与和谐，用相机捕捉那独特的瞬间。切记不要尝试去触碰这些动物，这样既保护了它们的自然状态，也避免了可能对自身造成的伤害。

·不随意放生外来物种

　　在日常生活中，我们必须谨记一点：切勿随意放生外来物种。这一行为看似出于善意，然而，它背后可能隐藏着无法预见的生态风险。外来物种可能会抢占本土生物的栖息地和食物，如果没有天敌或采取相应的控制手段，外来物种可能会成为新的入侵物种，造成无法挽回的生态灾难。

保护蛙类

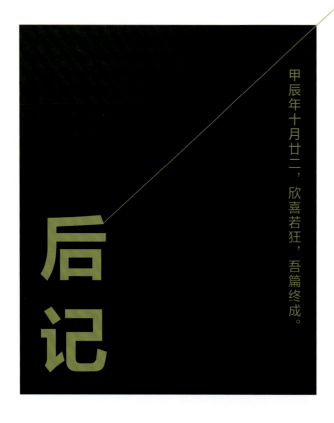

后记

甲辰年十月廿二，欣喜若狂，吾篇终成。

回忆2022年，"寻蛙记"伊始：彼时作者仅就职北京市生态环境保护科学研究院一载有余。对生物多样性保护工作仍事事新鲜、处处挑战、孜孜以求。领导勖勉参加演讲比赛，起初毫无头绪，但承领导前辈教导、同僚同仁互助共进，遂成8分钟学术演讲——《北京寻蛙记》，也是本书雏形。

次年夏天，沉浸于夜观京城两栖动物。日暮西山，循蛙鸣而往，至一湿地、席一处而细观，虽无东西南北风之扰，但不畏风雨不惧蚊虫。蛙者，或蹲或跳、或鸣或隐、或黑或绿、或敏捷如电或憨态可掬。每每夜观，感自然之包容，叹生物之神奇。随着深入观察，更觉万

物在城市中的生存法则尽显齐物之精华。

感叹之余，将所见所闻整理成老少皆宜的科普课程，将大家喜爱的内容整理成《北京寻蛙记》科普图书，望更多人借此了解京城小青蛙的故事。

拙作《北京寻蛙记》真正起稿为甲辰年春节，历时一年仓促完成。拙作中故事悉数为作者亲历、图片悉数为作者实拍，于我而言是三年工作交出的答卷。过程初跟跄而行，过程中用万卷书籍与万里跬步充盈拙作，过程末旁征博引助精益求精。

回顾《北京寻蛙记》，我要感谢领导、同事、家人和朋友的鼓励与支持，赋予我获得感与使命感；特别感谢中国科学院动物所韩兴志

在本书编写期间提供的悉心指导与审阅。《北京寻蛙记》仍有漫漫长路，生物多样性的保护仍需不断求索。故当以不息之志，砥砺前行，不负韶华，不负己心。